清华大学 计算机系列教材

王宏 杨明 编著

数理逻辑与集合论
(第2版)精要与题解

清华大学出版社
北京

内 容 简 介

本书是清华大学计算机系列教材《数理逻辑与集合论》(第二版)一书的配套教材。

全书分为两大部分:第1部分是主教材《数理逻辑与集合论》(第二版)各章的内容精要与学习指导,包括主教材中的基本概念、基本公式、定义、定理及完成习题所涉及的内容,相当于主教材内容的精华与复习提纲。第2部分是主教材相应章节的习题解答,附有主教材全部习题的参考解答或证明。部分习题除给出详细解答或证明过程外,还列出解题思路、提示,容易出现的错误和多种解法等。书中注重学习方法与逻辑思维能力的培养和训练,并照顾到不同需求和不同层次的读者。

本书读者对象为大专院校计算机系或相关专业的师生,也可供从事离散数学、计算机科学、人工智能、计算语言学等领域的自学者和科技人员参考。

版权所有,侵权必究。 举报:010-62782989,beiqinquan@tup.tsinghua.edu.cn。

图书在版编目(CIP)数据

数理逻辑与集合论精要与题解/王宏,杨明编著.—2版.—北京:清华大学出版社,2016(2024.1重印)
(清华大学计算机系列教材)
ISBN 978-7-302-04528-1

Ⅰ.①数… Ⅱ.①王… ②杨… Ⅲ.①数理逻辑－高等学校－自觉参考资料 ②集论－高等学校－自觉参考资料 Ⅳ.①O141 ②O144

中国版本图书馆 CIP 数据核字(2018)第 004255 号

责任印制: 丛怀宇

出版发行: 清华大学出版社
  网　　址: https://www.tup.com.cn,https://www.wqxuetang.com
  地　　址: 北京清华大学学研大厦 A 座　　　　邮　编: 100084
  社 总 机: 010-83470000　　　　　　　　　　邮　购: 010-62786544
  投稿与读者服务: 010-62776969,c-service@tup.tsinghua.edu.cn
  质 量 反 馈: 010-62772015,zhiliang@tup.tsinghua.edu.cn
印 装 者: 三河市人民印务有限公司
经　　销: 全国新华书店
开　　本: 185mm×260mm　　印 张: 10　　字　数: 239 千字
印　　次: 2024 年 1 月第15次印刷
定　　价: 29.00 元

产品编号: 004528-04

前　　言

离散数学是现代数学的一个重要分支,是计算机科学基础理论的核心内容。数理逻辑与集合论是离散数学的重要内容。数理逻辑与集合论课程不仅为计算机及相关专业后续课程的学习和科研工作的参与打下良好的基础,而且对培养读者的抽象思维能力、逻辑推理能力和慎密概括能力,进而提高分析问题解决问题的能力都将起到重要作用。

由于数理逻辑与集合论所研究的对象及研究方法都与普通数学有较大差别,不少初学者学习时感觉不适应,特别是面对习题作业往往觉得无从下手。此外,数理逻辑与集合论的理论内容丰富,所涉及的定义和定理较多,习题中证明题所占比例较大,对于初学计算机科学的人来说,在概念的理解和掌握以及完成习题方面会感到一定的困难。为了帮助读者学习,配合《数理逻辑与集合论》教材的教学,在广泛收集资料和多年教学经验的基础上,我们编写了《数理逻辑与集合论——精要与题解》这本书,其宗旨一方面是帮助学习数理逻辑与集合论课的读者,巩固对主教材基本知识的掌握,深化对基本概念和方法的理解;另一方面也为初学者提供解题方法的指导思路,并使读者在做完习题后有一个可供参考或对照的解答。

全书分为两大部分。第 1 部分是主教材各章中的内容精要与学习指导,主要包括基本概念、基本公式、定义、定理及完成习题所涉及的内容,相当于主教材内容的精华浓缩与复习提纲。个别章节补充了少量主教材未涉及的内容。第 2 部分为主教材相应章节中的习题详解,附有主教材全部习题的参考解答或证明。部分习题除给出详细解答或证明过程外,还列出解题思路、提示,同时指出容易出现的错误和多种解法等。书中注重学习方法与逻辑思维能力的培养和训练,并照顾到不同需求和不同层次的读者。

需要说明的是:本书的习题解答与证明虽力图详尽准确,但决非最佳形式,更非唯一标准。在表述的严谨与简洁性方面都存在一些有待改进之处。离散数学习题中的一题多解,本身就是一个拓广思维,培养能力的良好环节与途径。希望读者尽量做到独立解答,提出更多方法精巧、表述清晰的解法。

特别指出的是:本书仅是《数理逻辑与集合论》(第二版)教材的学习参考资料,并不能完全代替对主教材内容的学习与掌握。希望读者在学习过程中务必先钻研教材内容,然后经过独立思考,尽量通过主观努力完成习题作业,再参阅本书习题解答。这样才会加深理解,印象深刻,达到举一反三、触类旁通的功效。只有这样才能真正发挥本书的实际价值,这也正是本书编者的初衷。

本书收录的习题:大题 141 道,小题 505 道。

内容精要中的内容以节编序号,如序号 1,2,3,表示某节中的三个概念或需要掌握的知识点。定义与定理的编号形式及顺序与主教材相同。

感谢《数理逻辑与集合论》作者石纯一教授和王家廞教授对编写本书工作的热情鼓励和

支持。书中的习题解答部分得到了清华大学计算机系同学的积极配合。计算机系计研九的郭锐和田欣同学曾协助完成了本书中部分题目的解答。在此一并致谢。

由于时间仓促，加之作者水平有限，书中疏漏与错误在所难免，殷切希望读者在学习时，发现问题及时与作者联系，以便今后重印或再版时更正改进。

作 者

2000 年 7 月于清华园

目　　录

第一部分　内容精要

第 1 章　命题逻辑的基本概念 ··· 1
 1.1　命题 ··· 1
 1.2　命题联结词及真值表 ··· 1
 1.3　合式公式 ··· 2
 1.4　重言式 ·· 2
 1.5　命题形式化 ··· 3

第 2 章　命题逻辑的等值和推理演算 ····························· 4
 2.1　等值定理 ··· 4
 2.2　等值公式 ··· 4
 2.3　命题公式与真值表的关系 ······································· 6
 2.4　联结词的完备集 ·· 6
 2.5　对偶式 ·· 6
 2.6　范式 ··· 7
 2.7　推理形式 ··· 8
 2.8　基本的推理公式 ·· 8
 2.9　推理演算 ··· 9
 2.10　归结推理法 ··· 9

第 3 章　命题逻辑的公理化 ·· 11
 3.1　公理系统的结构 ·· 11
 3.2　命题逻辑的公理系统 ··· 11
 3.3　公理系统的完备性和演绎定理 ······························· 12
 3.4　命题逻辑的另一公理系统——王浩算法 ················· 12
 3.5　命题逻辑的自然演绎系统 ······································ 13
 3.6　非标准逻辑 ··· 13

第 4 章　谓词逻辑的基本概念 ·· 15
 4.1　谓词和个体词 ··· 15
 4.2　函数和量词 ··· 15
 4.3　合式公式 ··· 16
 4.4　自然语句的形式化 ·· 16
 4.5　有限域下公式的表示法 ··· 17
 4.6　公式的普遍有效性和判定问题 ······························ 17

第 5 章　谓词逻辑的等值和推理演算 ······ 18
5.1　否定型等值式 ······ 18
5.2　量词分配等值式 ······ 18
5.3　范式 ······ 18
5.4　基本推理公式 ······ 19
5.5　推理演算 ······ 20
5.6　谓词逻辑的归结推理法 ······ 21

第 6 章　谓词逻辑的公理化 ······ 22
6.1　谓词逻辑的公理系统 ······ 22
6.2　谓词逻辑的自然演绎系统 ······ 23
6.3　递归函数 ······ 24

第 7 章　一阶形式理论及模型 ······ 25
7.1　一阶语言及一阶理论 ······ 25
7.2　结构、赋值及模型 ······ 26
7.3　理论与模型的基本关系——完全性定理 ······ 26
7.4　Lowenheim-Skolem 定理及 Herbrand 方法 ······ 27
7.5　一阶形式理论 Z_1 ······ 27
7.6　Gödel 不完全性定理 ······ 28

第 8 章　证明论中的逻辑系统 ······ 29
8.1　λ-演算 ······ 29
8.2　Scott 域 ······ 30
8.3　Gentzen 串形演算 ······ 31
8.4　线性逻辑 ······ 33

第 9 章　集合 ······ 36
9.1　集合的概念与表示方法 ······ 36
9.2　集合间的关系和特殊集合 ······ 36
9.3　集合的运算 ······ 37
9.4　集合的图形表示法 ······ 38
9.5　集合运算的性质和证明 ······ 38
9.6　有限集合的基数 ······ 41
9.7　集合论公理系统 ······ 41

第 10 章　关系 ······ 44
10.1　二元关系 ······ 44
10.2　关系矩阵和关系图 ······ 44
10.3　关系的逆、合成、限制和象 ······ 45
10.4　关系的性质 ······ 46
10.5　关系的闭包 ······ 47

  10.6 等价关系和划分 ··· 48
  10.7 相容关系和覆盖 ··· 49
  10.8 偏序关系 ·· 49

第 11 章 函数 ··· 52
  11.1 函数和选择公理 ··· 52
  11.2 函数的合成与函数的逆 ·· 53
  11.3 函数的性质 ·· 53
  11.4 开集与闭集 ·· 54
  11.5 模糊子集 ·· 55

第 12 章 实数集合与集合的基数 ·· 57
  12.1 实数集合 ·· 57
  12.2 集合的等势 ·· 58
  12.3 有限集合与无限集合 ·· 59
  12.4 集合的基数 ·· 59
  12.5 基数的算术运算 ··· 59
  12.6 基数的比较 ·· 60
  12.7 可数集合与连续统假设 ·· 60

第二部分 习题解答

第 1 章 习题解答 ··· 61
第 2 章 习题解答 ··· 67
第 3 章 习题解答 ··· 83
第 4 章 习题解答 ··· 87
第 5 章 习题解答 ··· 92
第 6 章 习题解答 ·· 102
第 9 章 习题解答 ·· 105
第 10 章 习题解答 ·· 119
第 11 章 习题解答 ·· 138
第 12 章 习题解答 ·· 146
参考文献 ··· 150

第一部分　内容精要

第1章　命题逻辑的基本概念

1.1　命　题

1. 命题　命题是一个能表达判断并具有确定真值的陈述句.

2. 真值　作为命题的陈述句所表达的判断结果称为命题的真值. 真值只有真和假两种, 真记为 T, 假记为 F. 真值为真的命题称为真命题, 真值为假的命题称为假命题. 真命题表达的判断正确, 假命题表达的判断错误. 任何命题的真值都是唯一的.

3. 命题变项　用命题标识符(大写字母)来表示任意命题时, 该命题标识符称为命题变项.

4. 简单命题　无法继续分解的简单陈述句称为简单命题或原子命题(不包含任何与、或、非一类联结词的命题).

5. 复合命题　由一个或几个简单命题通过联结词复合所构成的新的命题, 称为复合命题, 也称为分子命题.

1.2　命题联结词及真值表

1. 命题联结词　命题联结词可将命题联结起来构成复杂的命题, 是由已有命题定义新命题的基本方法. 命题联结词又可分为一元命题联结词、二元命题联结词和多元命题联结词. 常用的命题联结词包括否定词、合取词、析取词、蕴涵词和双条件词. 其他联结词还包括异或(不可兼或)、与非和或非等.

2. 否定词　否定词是一元命题联结词. 设 P 为一命题, P 的否定是一个新的命题, 记作 $\neg P$, 读作非 P. 若 P 为 T, $\neg P$ 为 F; 若 P 为 F, $\neg P$ 为 T.

3. 合取词　合取词是二元命题联结词. 两个命题 P 和 Q 的合取构成一个新的命题, 记作 $P \wedge Q$. 读作 P 和 Q 的合取(或读作 P 与 Q, P 且 Q). 当且仅当 P 和 Q 同时为 T 时, $P \wedge Q$ 为 T; 否则, $P \wedge Q$ 的真值为 F.

4. 析取词　析取词是二元命题联结词. 两个命题 P 和 Q 的析取构成一个新的命题, 记作 $P \vee Q$. 读作 P 和 Q 的析取(也读作 P 或 Q). 当且仅当 P 和 Q 同时为 F 时, $P \vee Q$ 的真值为 F; 否则, $P \vee Q$ 的真值为 T.

5. 蕴涵词 蕴涵词是二元命题联结词. 两个命题 P 和 Q 用蕴涵词"→"联结起来, 构成一个新的命题, 记作 $P \to Q$. 读作如果 P 则 Q, 或读作 P 蕴涵 Q. 当且仅当 P 的真值为 T, Q 的真值为 F 时, $P \to Q$ 的真值为 F; 否则 $P \to Q$ 的真值为 T.

6. 双条件词 双条件词是二元命题联结词. 两个命题 P 和 Q 用双条件词"↔"联结起来, 构成一个新的命题, 记作 $P \leftrightarrow Q$. 读作 P 当且仅当 Q, 或读作 P 等值 Q. 当 P 和 Q 的真值相同时, $P \leftrightarrow Q$ 的真值为 T; 否则 $P \leftrightarrow Q$ 的真值为 F.

7. 命题的解释 设 $P_1, P_2, \cdots, P_n$ 是出现在命题 A 中的全部命题变项, 给 $P_1, P_2, \cdots, P_n$ 各指定一个真值, 称为对命题 A 的一个解释或一个赋值, 命题的解释用符号 I 表示.

8. 真值表 在命题公式中, 对于全部命题变项指定不同真值的所有可能的解释, 确定了该命题公式的各种真值情形, 把所有解释(赋值)下的取值情形列成表, 称作命题公式的真值表.

1.3 合式公式

1. 合式公式 将命题变项用联结词和圆括号按照一定的逻辑关系连接起来的符号串称为合式公式(well formed formula). 当使用联结词集 $\{\neg, \wedge, \vee, \to, \leftrightarrow\}$ 中的联结词时, 合式公式的定义可归纳如下:

(1) 简单命题是合式公式.
(2) 若 A 是合式公式, 则 $(\neg A)$ 也是合式公式.
(3) 若 A, B 是合式公式, 则 $(A \wedge B)$, $(A \vee B)$, $(A \to B)$ 和 $(A \leftrightarrow B)$ 也是合式公式.
(4) 当且仅当经过有限次地使用(1)~(3)所形成的符号串才是合式公式.

合式公式也称为命题公式, 并简称为公式.

2. 联结词运算的优先级 由命题变项、命题联结词和圆括号组成命题逻辑的基本符号. 本书约定的联结词运算的优先次序为: ( ), $\neg$, $\wedge$, $\vee$, $\to$, $\leftrightarrow$. 多个同一优先级的联结词, 按照从左到右的次序, 先出现者先运算.

1.4 重言式

1. 重言式 如果一个命题公式, 对它的任一解释 I 下其对应的真值都为真, 则称该命题公式为重言式或永真式.

2. 矛盾式 如果一个命题公式, 对于它的任一解释 I 下其对应的真值都为假, 则称该命题公式为矛盾式或永假式, 也称为不可满足式.

3. 可满足式 一个命题公式, 如存在某个解释 I_0, 在 I_0 下该公式真值为真, 则称该命题公式为可满足式.

4. 代入规则 一个重言式, 对其中所有相同的命题变项都用一合式公式代换, 其结果仍为一重言式. 这一规则称为代入规则. 换句话说, A 是一个公式, 对 A 使用代入规则得到公式 B, 若 A 是重言式, 则 B 也是重言式. 代入规则的具体要求为:

(1) 公式中被代换的只能是命题变项(原子命题), 而不能是复合命题.
(2) 对公式中某命题变项施以代入, 必须对该公式中出现的所有同一命题变项施以相同的代换.

1.5 命题形式化

异或(**不可兼或**)**联结词** 异或(又称不可兼或)词是二元命题联结词.两个命题 P 和 Q 的异或构成一个新的命题,记作 $P \underline{\vee} Q$. 当且仅当 P 与 Q 的真值相异时,$P \underline{\vee} Q$ 为 T,否则 $P \underline{\vee} Q$ 的真值为 F.

第 2 章 命题逻辑的等值和推理演算

2.1 等值定理

等值 给定两个命题公式 A 和 B，设 $P_1, P_2, \cdots, P_n$ 为出现于 A 和 B 中的所有命题变项，则公式 A 和 B 共有 2^n 个解释；若在其中的任一解释下，公式 A 和 B 的真值都相同，则称 A 和 B 是等值的（或称等价），记作 $A=B$ 或 $A \Leftrightarrow B$.

定理 2.1.1 设 A, B 为两个命题公式，$A=B$ 的充分必要条件是 $A \leftrightarrow B$ 为一个重言式.

2.2 等 值 公 式

1. 逆命题 若将 $P \to Q$ 视为正命题，则称 $Q \to P$ 为它的逆命题.

2. 否命题 若将 $P \to Q$ 视为正命题，则称 $\neg P \to \neg Q$ 为它的否命题.

3. 逆否命题 若将 $P \to Q$ 视为正命题，则称 $\neg Q \to \neg P$ 为它的逆否命题.

4. 子公式 若 X 是合式公式 A 的一部分，且 X 本身也是一个合式公式，则称 X 为公式 A 的子公式.

5. 置换规则 设 X 为公式 A 的子公式，用与 X 等值的公式 Y 将 A 中的 X 施以代换，称为置换，该规则称为置换规则. 置换后公式 A 化为公式 B，置换规则的性质保证公式 A 与公式 B 等值，即 $A=B$. 且当 A 是重言式时，置换后的公式 B 也是重言式.

6. 基本的等值公式 （命题定律）

(1) 双重否定律
$$\neg\neg P = P.$$

(2) 结合律
$$(P \vee Q) \vee R = P \vee (Q \vee R).$$
$$(P \wedge Q) \wedge R = P \wedge (Q \wedge R).$$
$$(P \leftrightarrow Q) \leftrightarrow R = P \leftrightarrow (Q \leftrightarrow R).$$
$$(P \to Q) \to R \neq P \to (Q \to R).$$

(3) 交换律
$$P \vee Q = Q \vee P.$$
$$P \wedge Q = Q \wedge P.$$
$$P \leftrightarrow Q = Q \leftrightarrow P.$$
$$P \to Q \neq Q \to P.$$

(4) 分配律
$$P \vee (Q \wedge R) = (P \vee Q) \wedge (P \vee R).$$
$$P \wedge (Q \vee R) = (P \wedge Q) \vee (P \wedge R).$$

$P \to (Q \to R) = (P \to Q) \to (P \to R).$

$P \leftrightarrow (Q \leftrightarrow R) \neq (P \leftrightarrow Q) \leftrightarrow (P \leftrightarrow R).$

(5) 等幂律(恒等律)

$P \lor P = P.$

$P \land P = P.$

$P \to P = T.$

$P \leftrightarrow P = T.$

(6) 吸收律

$P \lor (P \land Q) = P.$

$P \land (P \lor Q) = P.$

(7) 摩根(De Morgan)律

$\neg (P \lor Q) = \neg P \land \neg Q.$

$\neg (P \land Q) = \neg P \lor \neg Q.$

对蕴涵词、双条件词作否定有

$\neg (P \to Q) = P \land \neg Q.$

$\neg (P \leftrightarrow Q) = \neg P \leftrightarrow Q = P \leftrightarrow \neg Q = (\neg P \land Q) \lor (P \land \neg Q).$

(8) 同一律

$P \lor F = P.$

$P \land T = P.$

$T \to P = P.$

$T \leftrightarrow P = P.$

还有

$P \to F = \neg P.$

$F \leftrightarrow P = \neg P.$

(9) 零律

$P \lor T = T.$

$P \land F = F.$

还有

$P \to T = T.$

$F \to P = T.$

(10) 补余律

$P \lor \neg P = T.$

$P \land \neg P = F.$

还有

$P \to \neg P = \neg P.$

$\neg P \to P = P.$

$P \leftrightarrow \neg P = F.$

2.3 命题公式与真值表的关系

对任一依赖于命题变元 $P_1,P_2,\cdots,P_n$ 的命题公式 A 来说,可由 $P_1,P_2,\cdots,P_n$ 的真值根据命题公式 A 给出 A 的真值,从而建立起由 $P_1,P_2,\cdots,P_n$ 到 A 的真值表.因此由命题公式列写真值表的过程是相对容易的.

反之,若给定了由 $P_1,P_2,\cdots,P_n$ 到 A 的真值表,可以用下述方法写出命题公式 A 对 $P_1,P_2,\cdots,P_n$ 的逻辑表达式.

1. 从取 T 的行来列写 看 A 的真值表中取 T 的行,若取 T 的行数共有 m 行,则命题公式 A 可以表示成如下形式:

$$A = Q_1 \vee Q_2 \vee \cdots \vee Q_m$$

其中 $Q_i = (R_1 \wedge R_2 \wedge \cdots \wedge R_n), R_i = P_i$ 或 $\neg P_i (i=1,2,\cdots,n)$

若该行的 $P_i = T$,则 $R_i = P_i$,若 $P_i = F$,则 $R_i = \neg P_i$.

2. 从取 F 的行来列写 看 A 的真值表中取 F 的行,若取 F 的行数共有 k 行,则命题公式 A 可以表示成如下形式:

$$A = Q_1 \wedge Q_2 \wedge \cdots \wedge Q_k$$

其中 $Q_i = (R_1 \vee R_2 \vee \cdots \vee R_n), R_i = P_i$ 或 $\neg P_i (i=1,2,\cdots,n)$

若该行的 $P_i = T$,则 $R_i = \neg P_i$,若 $P_i = F$,则 $R_i = P_i$.

2.4 联结词的完备集

1. 与非联结词 与非词是二元命题联结词.两个命题 P 和 Q 用与非词"↑"联结起来,构成一个新的复合命题,记作 $P \uparrow Q$.读作 P 和 Q 的"与非".当且仅当 P 和 Q 的真值都是 T 时,$P \uparrow Q$ 的真值为 F,否则 $P \uparrow Q$ 的真值为 T. $P \uparrow Q = \neg(P \wedge Q)$.

2. 或非联结词 或非词是二元命题联结词.两个命题 P 和 Q 用或非词"↓"联结起来,构成一个新的复合命题,记作 $P \downarrow Q$.读作 P 和 Q 的"或非".当且仅当 P 和 Q 的真值都为 F 时,$P \downarrow Q$ 的真值为 T,否则 $P \downarrow Q$ 的真值为 F. $P \downarrow Q = \neg(P \vee Q)$.

3. 真值函项 对所有的合式公式加以分类,将等值的公式视为同一类,从中选一个作代表称之为真值函项.对一个真值函项就有一个联结词与之对应.

4. 联结词的完备集 设 C 是一个联结词的集合,如果任何 n 元 $(n \geq 1)$ 真值函项都可以由仅含 C 中的联结词构成的公式表示,则称 C 是完备的联结词集合,或说 C 是联结词的完备集.

2.5 对 偶 式

对偶式 将给定的命题公式 A 中出现的 $\vee, \wedge, T, F$ 分别以 $\wedge, \vee, F, T$ 代换,得到公式 A^*,则称 A^* 是公式 A 的对偶式,或说 A 和 A^* 互为对偶式.

在以下定理 2.5.1~定理 2.5.6 中,

记 $A = A(P_1, P_2, \cdots, P_n)$.令 $A^- = A(\neg P_1, \neg P_2, \cdots, \neg P_n)$

定理 2.5.1 $\neg(A^*)=(\neg A)^*, \neg(A^-)=(\neg A)^-$.

定理 2.5.2 $(A^*)^*=A, (A^-)^-=A$.

定理 2.5.3 $\neg A = A^{*-}$.

定理 2.5.4 若 $A=B$，必有 $A^*=B^*$.

定理 2.5.5 若 $A \to B$ 永真，必有 $B^* \to A^*$ 永真.

定理 2.5.6 A 与 A^- 同永真，同可满足；$\neg A$ 与 A^* 同永真，同可满足.

2.6 范 式

1. 文字与互补对 命题变项 P 及其否定式 $\neg P$ 统称文字. 且 P 与 $\neg P$ 称为互补对.

2. 合取式 由文字的合取所组成的公式称为合取式.

3. 析取式 由文字的析取所组成的公式称为析取式.

4. 析取范式 析取范式是形如

$$A_1 \vee A_2 \vee \cdots \vee A_n$$

的公式，其中 $A_i(i=1,\cdots,n)$ 为合取式.

5. 合取范式 合取范式是形如

$$A_1 \wedge A_2 \wedge \cdots \wedge A_n$$

的公式，其中 $A_i(i=1,\cdots,n)$ 为析取式.

6. 范式存在定理 任一命题公式都存在与之等值的合取范式和析取范式. 但命题公式的合取范式和析取范式不是唯一的.

7. 极小项 n 个命题变项 $P_1, P_2, \cdots, P_n$ 组成的合取式

$$Q_1 \wedge Q_2 \wedge \cdots \wedge Q_n$$

其中 $Q_i = P_i$ 或 $\neg P_i(i=1,\cdots,n)$. 即每个命题变项与它的否定式不同时出现，但二者之一必出现且仅出现一次. 则称合取式 $Q_1 \wedge Q_2 \wedge \cdots \wedge Q_n$ 为极小项，并以 m_i 表示.

8. 极大项 n 个命题变项 $P_1, P_2, \cdots, P_n$ 组成的析取式

$$Q_1 \vee Q_2 \vee \cdots \vee Q_n$$

其中 $Q_i = P_i$ 或 $\neg P_i(i=1,\cdots,n)$. 即每个命题变项与它的否定式不同时出现，但二者之一必出现且仅出现一次. 则称析取式 $Q_1 \vee Q_2 \vee \cdots \vee Q_n$ 为极大项，并以 M_i 表示.

9. 主析取范式 设由 n 个命题变项构成的析取范式中所有的合取式都是极小项，则称该析取范式为主析取范式（仅由极小项构成的析取范式称为主析取范式）.

10. 主合取范式 设由 n 个命题变项构成的合取范式中所有的析取式都是极大项，则称该合取范式为主合取范式（仅由极大项构成的合取范式称为主合取范式）.

11. 主析取范式定理 任一含有 n 个命题变项的公式，都存在唯一的与之等值的且恰仅含这 n 个命题变项的主析取范式.

12. 主合取范式定理 任一含有 n 个命题变项的公式，都存在唯一的与之等值的且恰仅含这 n 个命题变项的主合取范式.

13. 极小项的性质

（1）任一含有 n 个命题变项的公式，所有可能的极小项的个数和该公式的解释个数相同，都是 2^n.

(2) 每个极小项只在一个解释下为真.

(3) 极小项两两不等值,并且 $m_i \wedge m_j = F(i \neq j)$.

(4) 任一含有 n 个命题变项的公式,都可由 k 个($k \leqslant 2^n$)极小项的析取来表示.

(5) 恰由 2^n 个极小项的析取构成的公式,必为重言式. 即

$$\bigvee_{i=0}^{2^n-1} m_i = T$$

14. 极大项的性质

(1) 任一含有 n 个命题变项的公式,所有可能的极大项的个数和该公式的解释个数相同,都是 2^n.

(2) 每个极大项只在一个解释下为假.

(3) 极大项两两不等值,并且 $M_i \vee M_j = T(i \neq j)$.

(4) 任一含有 n 个命题变项的公式,都可由 k 个($k \leqslant 2^n$)极大项的合取来表示.

(5) 恰由 2^n 个极大项的合取构成的公式,必为矛盾式. 即

$$\bigwedge_{i=0}^{2^n-1} M_i = F$$

2.7 推理形式

1. 推理形式 将以自然语句描述的推理关系引入符号,抽象化并以条件式的形式表示出来便得到推理形式. 推理形式由前提和结论部分组成:前提真,结论必真的推理形式为正确的推理形式.

2. 重言蕴涵 给定两个公式 A,B,如果当 A 取值为真时,B 就必取值为真,则称 A 重言(永真)蕴涵 B. 或称 B 是 A 的逻辑推论. 并用符号

$$A \Rightarrow B$$

表示.

3. 重言蕴涵的几个结果

(1) 若 $A \Rightarrow B$ 成立,若 A 为重言式则 B 也是重言式.

(2) 若 $A \Rightarrow B$,且 $B \Rightarrow A$ 同时成立,必有 $A = B$. 反之亦然.

(3) 若 $A \Rightarrow B$,且 $B \Rightarrow C$ 同时成立,则有 $A \Rightarrow C$.

(4) 若 $A \Rightarrow B$,且 $A \Rightarrow C$ 同时成立,则有 $A \Rightarrow B \wedge C$.

(5) 若 $A \Rightarrow C$,且 $B \Rightarrow C$ 同时成立,则有 $A \vee B \Rightarrow C$.

2.8 基本的推理公式

定理 2.8.1 $A \Rightarrow B$ 成立的充分必要条件是 $A \rightarrow B$ 为重言式.

定理 2.8.2 $A \Rightarrow B$ 成立的充分必要条件是 $A \wedge \neg B$ 是矛盾式.

基本的推理公式

(1) $P \wedge Q \Rightarrow P$

(2) $\neg(P \rightarrow Q) \Rightarrow P$

(3) $\neg(P \to Q) \Rightarrow \neg Q$
(4) $P \Rightarrow P \lor Q$
(5) $\neg P \Rightarrow P \to Q$ （2式的逆否定理）
(6) $Q \Rightarrow P \to Q$
(7) $\neg P \land (P \lor Q) \Rightarrow Q$
(8) $P \land (P \to Q) \Rightarrow Q$ （假言推理，分离规则）
(9) $\neg Q \land (P \to Q) \Rightarrow \neg P$ （8式的逆否定理）
(10) $(P \to Q) \land (Q \to R) \Rightarrow P \to R$ （三段论）
(11) $(P \leftrightarrow Q) \land (Q \leftrightarrow R) \Rightarrow P \leftrightarrow R$
(12) $(P \to R) \land (Q \to R) \land (P \lor Q) \Rightarrow R$
(13) $(P \to Q) \land (R \to S) \land (P \lor R) \Rightarrow Q \lor S$
(14) $(P \to Q) \land (R \to S) \land (\neg Q \lor \neg S) \Rightarrow \neg P \lor \neg R$
(15) $(Q \to R) \Rightarrow ((P \lor Q) \to (P \lor R))$
(16) $(Q \to R) \Rightarrow ((P \to Q) \to (P \to R))$

2.9 推理演算

1. 使用推理规则的推理演算方法 从前提 $A_1, A_2, \cdots, A_n$ 出发，通过使用引入的几条推理规则和基本的推理公式，逐步推演出结论 B.

2. 基本推理规则

(1) 前提引入规则 在推理过程中，可以随时引入前提.

(2) 结论引用规则 在推理过程中所得到的中间结论，可作为后续推理的前提.

(3) 代入规则 在推理过程中，对重言式中的命题变项可使用代入规则.

(4) 置换规则 在推理过程中，命题公式中的任何子公式都可以用与之等值的命题公式来置换.

(5) 分离规则（假言推理） 若已知命题公式 $A \to B$ 和 A 成立，则有命题公式 B.

(6) 条件证明规则.

2.10 归结推理法

1. 归结法 归结法是仅用一条归结推理规则的机械推理法，它是机器定理证明的重要方法.

2. 归结证明过程

(1) 为证明 $A \to B$ 是重言式，依定理 2.8.2，等价于证明 $A \land \neg B$ 是矛盾式.

(2) 从 $A \land \neg B$ 出发，建立子句集 S：先将 $A \land \neg B$ 化成合取范式，进而由所有子句（析取式）构成子句集 S.

(3) 对 S 中的子句作归结（消互补对），并将归结式仍放入 S 中. 重复该过程.

(4) 直至归结出空子句（矛盾式）.

3. 归结推理规则

(1) 归结式的定义

设 $C_1 = L \vee C_1'$，$C_2 = \neg L \vee C_2'$ 为两个子句，有互补对 L 和 $\neg L$。则新子句 $R(C_1, C_2) = C_1' \vee C_2'$ 称作 C_1, C_2 的归结式。

归结过程就是对 S 的子句求归结式的过程。

(2) 可以证明 $C_1 \wedge C_2 \Rightarrow R(C_1, C_2)$。于是归结式 $R(C_1, C_2)$ 是子句 C_1, C_2 的逻辑推论，从而归结是正确的推理规则。

第3章 命题逻辑的公理化

3.1 公理系统的结构

1. 公理系统 从一些公理出发,根据演绎规则推导出一系列定理,这样形成的演绎体系叫做公理系统,或称作理论.命题演算的重言式可组成一个严谨的公理系统,它是从一些作为初始命题的重言式(公理)出发,应用明确规定的推理规则,进而推导出一系列重言式(定理)的演绎体系.命题逻辑的公理系统是一个抽象符号系统,不再涉及到真值.

2. 公理系统的结构 一个公理系统通常包括以下几个部分:
(1) 初始符号 公理系统内允许出现的全体符号的集合.
(2) 形成规则 公理系统内允许出现的合法符号序列的形成方法与规则.
(3) 公理 精选的最基本的重言式,作为推演其他所有重言式的依据.
(4) 变形规则 公理系统所规定的推理规则.
(5) 建立定理 公理系统所作演算的主要内容,包括所有的重言式和对它们的证明.

3.2 命题逻辑的公理系统

罗素(Russell)公理系统 罗素公理系统由以下几部分组成:
(1) 初始符号
$A, B, C, \cdots$ 大写英文字母(表示命题)
$\neg, \vee$(表示联结词)
( )(圆括号)
$\vdash$(断言符,写在公式之前,如 $\vdash A$ 表示 A 是所要肯定的,或说 A 是重言式)
(2) 形成规则
① 符号 π 是合式公式(π 取值为 $A, B, C, \cdots$).
② 若 A, B 是合式公式,则 $(A \vee B)$ 是合式公式.
③ 若 A 是合式公式,则 $\neg A$ 是合式公式.
④ 只有符合①~③的符号序列才是合式公式.
(3) 定义
① $(A \rightarrow B)$ 定义为 $(\neg A \vee B)$.
② $(A \wedge B)$ 定义为 $\neg(\neg A \vee \neg B)$.
③ $(A \leftrightarrow B)$ 定义为 $((A \rightarrow B) \wedge (B \rightarrow A))$.
(4) 公理
公理1 $\vdash ((P \vee P) \rightarrow P)$
公理2 $\vdash (P \rightarrow (P \vee Q))$
公理3 $\vdash ((P \vee Q) \rightarrow (Q \vee P))$

公理 4   ⊢(((Q→R)→((P∨Q)→(P∨R)))

(5) 变形(推理)规则

① 代入规则   如果 ⊢A,那么 ⊢A$\frac{\pi}{B}$(将合式公式 A 中出现的符号 π 处都代以合式公式 B).

② 分离规则   如果 ⊢A,⊢A→B 那么 ⊢B.

③ 置换规则   定义的左右两方可互相替换.设公式 A,替换后为 B.则如果 ⊢A,那么 ⊢B.

(6) 定理的推演

定理的证明必须依据公理或已证明的定理,同时证明的过程(符号的变换过程)必须依据变形规则.

3.3 公理系统的完备性和演绎定理

1. 公理系统的完备性   公理系统的完备性是指,是否所有的重言式或所有成立的定理都可由所建立的公理系统推导出来.形象地说,完备性是指所建立的系统所能推演出的定理少不少.

2. 公理系统的可靠性   公理系统的可靠性是指,非重言式或者不成立的定理是否也可由所建立的公理系统推导出来.形象地说,可靠性是指所建立的系统所能推演出的定理多不多.不具备可靠性的系统是不能使用的.

3. 演绎定理   在命题逻辑的公理系统中,在有前提的推理下,如果从前提 A 可推出公式 B,而推理过程又不使用变项的代入,那么 ⊢A→B 成立.

3.4 命题逻辑的另一公理系统——王浩算法

王浩算法—定理证明自动化系统   1959 年由美籍华裔科学家王浩提出利用计算机来实现定理证明的机械化方法,称为王浩算法.作为命题逻辑的一个公理系统,其结构组成与罗素系统类似.下面重点给出王浩算法与罗素系统的主要差别:

(1) 初始符号中的联结词扩充为 5 个常用联结词,分别是 ¬,∧,∨,→,↔;为方便描述推理规则和公理,引入公式串 $\alpha,\beta,\gamma,\cdots$.

(2) 定义了相继式.如果 α 和 β 都是公式串,则称 $\alpha \to^s \beta$ 是相继式.其中 α 为前件,β 为后件.

(3) 公理只有一条.$\alpha \to^s \beta$ 是公理(为真)的充分必要条件是 α 和 β 中至少含有一个相同的命题变项.

(4) 变形(推理)规则.共有 10 条,分别为 5 条前件规则和 5 条后件规则.

(5) 定理的推演.定理推演的过程将所要证明的定理写成相继式形式,然后反复使用变形规则,消去全部联结词以得到一个或多个无联结词的相继式.若所有无联结词的相继式都是公理,则定理得证,否则定理不成立.

3.5 命题逻辑的自然演绎系统

1. 自然演绎系统　自然演绎系统也是一种逻辑演算体系,与公理系统的明显区别在于它的出发点只是一些变形规则而没有公理,是附有前提的推理系统.自然演绎系统可导出公理系统的所有定理,同时自然演绎系统的所有定理也可由重言式来描述,从而可由公理系统导出.

2. 自然演绎系统示例　以下给出一个简单的自然演绎系统:
(1) 初始符号　除罗素公理系统所使用的符号外,引入

$$\Gamma = \{A_1, A_2, \cdots, A_n\} = A_1, A_2, \cdots, A_n$$

表示有限个命题公式的集合. $\Gamma \vdash A$ 表示 Γ, A 间有形式推理关系, Γ 为形式前提(集合), A 为形式结论,或说使用推理规则可由 Γ 得 A.
(2) 形成规则　与罗素公理系统相同.
(3) 变形规则　共有 5 条变形规则:
① 肯定前提律　$A_1, A_2, \cdots, A_n \vdash A_i (i=1,2,\cdots,n)$,前提中任何命题均可作为结论.
② 传递律　如果 $\Gamma \vdash A, A \vdash B$,则 $\Gamma \vdash B$.
③ 反证律　如果 $\Gamma, \neg A \vdash B$,且 $\Gamma, \neg A \vdash \neg B$,则 $\Gamma \vdash A$.在前提 Γ 下,又假设 A 是假的,若可推出矛盾命题时,便可由前提 Γ 推出 A.
④ 蕴涵词消去律(分离规则)　$A \rightarrow B, A \vdash B$.
⑤ 蕴涵词引入律　如果 $\Gamma, A \vdash B$,则 $\Gamma \vdash A \rightarrow B$.在前提 Γ 下,又知 A 为真,可得 B.那么在原前提 Γ 下可推得,如果 A 那么 B.
(4) 定理的证明　定理的证明中不涉及公理,而将前提作为条件,使用推理规则进行推演,推演过程较使用公理的情形来得容易.

3.6 非标准逻辑

1. 非标准逻辑　前面的命题逻辑通常称作标准(古典)的命题逻辑,而除此之外的命题逻辑可统称作非标准逻辑.其中一类是与古典逻辑有相违背之处的非标准逻辑,如多值逻辑,模糊逻辑等.另一类是古典逻辑的扩充,如模态逻辑,时态逻辑等.

2. 多值逻辑　在古典命题逻辑中,命题定义的取值范围仅限于真和假两种,故又称作二值逻辑.多值逻辑将命题定义的取值范围推广到可取多个值,因此,多值逻辑是普通二值逻辑的推广,并在此基础上研究如何给出各种取值含义的解释以及命题运算规律是否保持等问题.已有的多值逻辑研究以三值逻辑为主,具有代表性的包括 Kleene 逻辑(1952), Lukasiewicz 逻辑(1920), Bochvar 逻辑(1939)等.

3. 模态逻辑　考虑必然性和可能性的逻辑是模态逻辑.引入"可能的世界"作为参量(条件),必然真表示所有可能的世界下为真,而可能真表示在现实世界下为真,不要求所有可能的世界下为真.存在的问题是可能的世界如何描述还有待研究.有一种观点认为,

命题逻辑是用来描述永恒或绝对真理的,模态逻辑和谓词逻辑则是描述非永恒或相对真理的.

4. 不确定性推理与非单调逻辑 不确定性推理与非单调逻辑是人工智能系统中经常使用的知识表示和推理方法. 一般而言,标准逻辑是单调的. 一个正确的公理加到理论 T 中得到理论 T', $T \subset T'$. 如果 $T \vdash P$ 必有 $T' \vdash P$. 即随着条件的增加,所得结论也必然增加. 而对于非单调逻辑,一个正确的公理加到理论 T 中,有时反而会使预先所得到的一些结论失效.

第4章 谓词逻辑的基本概念

4.1 谓词和个体词

1. 个体词（主词） 个体词是指所研究对象中可以独立存在的具体的或抽象的客体. 在一个命题中, 个体词通常是表示思维对象的词, 又称作主词.

2. 个体常项与个体变项 将表示具体或特定客体的个体词称作个体常项, 用小写字母 $a, b, c, \cdots$ 表示, 而将表示抽象或泛指的个体词称作个体变项, 用小写字母 $x, y, z, \cdots$ 表示. 并称个体变项的取值范围为个体域或论域, 以 D 表示. 并约定有一个特殊的个体域, 它由世间一切事物组成, 称之为总论域.

3. 谓词 谓词是用来刻画个体词的性质或多个个体词间关系的词. 谓词又可看作是给定的个体域到集合 $\{T, F\}$ 上的一个映射.

4. 谓词常项与谓词变项 表示具体性质或关系的谓词称作谓词常项; 表示抽象或泛指的性质或关系的谓词称作谓词变项. 谓词常项与谓词变项都用英文大写字母 $P, Q, R, \cdots$ 表示, 可根据上下文区分.

5. 一元与多元谓词 在一个命题中, 如果个体词只有一个, 这时表示该个体词性质或属性的词便是一元谓词, 以 $P(x), Q(x), \cdots$ 表示. 如果一个命题中的个体词多于一个, 那么表示这几个个体词间关系的词便是多元谓词, 以 $P(x,y), Q(x,y,z)$ 等表示. 一般地, 用 $P(a)$ 表示个体常项 a 具有性质 P, 用 $P(x)$ 表示个体变项 x 具有性质 P. 用 $P(a,b)$ 表示个体常项 a, b 具有关系 P, 用 $P(x,y)$ 表示个体变项 x, y 具有关系 P. 一般地, 用 $P(x_1, x_2, \cdots, x_n)$ 表示含 $n(n \geqslant 1)$ 个命题变项 $x_1, x_2, \cdots, x_n$ 的 n 元谓词.

6. 谓词逻辑与命题逻辑 谓词逻辑是命题逻辑的推广, 命题逻辑是谓词逻辑的特殊情形. 有时将不带个体变项的谓词称作零元谓词. 当此时的零元谓词又为谓词常项时, 零元谓词即化为命题. 因此, 命题逻辑中的命题均可以表示成零元谓词, 或认为一个命题是没有个体变项的零元谓词.

4.2 函数和量词

1. 谓词逻辑中的函数 在谓词逻辑中可引入函数, 它是某一个体域（不必是实数）到另一个个体域的映射. 谓词逻辑中的函数不单独使用, 而是嵌入在谓词中. 约定函数符号用小写字母表示.

2. 量词 表示个体常项或变项之间数量关系的词称为量词. 也可将量词看作是对个体词所加的限制或约束的词. 一般将量词分为全称量词和存在量词两种.

3. 全称量词 日常生活和数学中常用的"所有的"、"一切的"、"任意的"、"每一个"、"凡"等词可统称为全称量词, 将它们符号化为"$\forall$", 并用 $(\forall x), (\forall y)$ 等表示个体域中所有的个体. 用 $(\forall x)P(x), (\forall y)Q(y)$ 等分别表示个体域中所有个体都有性质 P, 所有个体都

有性质 Q.

4. 存在量词 日常生活和数学中常用的"存在一个","有一个","有些","有的"等词可统称为存在量词,将它们符号化为"$\exists$",并用$(\exists x)$,$(\exists y)$等表示个体域中有的个体.用$(\exists x)P(x)$,$(\exists y)Q(y)$等分别表示在个体域中存在个体具有性质 P,存在个体具有性质 Q.

5. 约束变元与自由变元 量词所约束的范围称为量词的辖域.在公式$(\forall x)A$和$(\exists x)A$中,A为相应量词的辖域.在$(\forall x)$和$(\exists x)$的辖域中,x的所有出现都称为约束出现,所有约束出现的变元称为约束变元.A中不是约束出现的其他变元均称为自由变元.

4.3 合式公式

1. 一阶谓词逻辑 在所讨论的谓词逻辑中,限定量词仅作用于个体变项,不允许量词作用于命题变项和谓词变项.也不讨论谓词的谓词.在这样限定范围内的谓词逻辑称为一阶谓词逻辑.一阶谓词逻辑是相对于高阶谓词逻辑而言的.

2. 一阶谓词逻辑的符号集
(1) 个体常项:$a,b,c,\cdots$(小写字母).
(2) 个体变项:$x,y,z,\cdots$(小写字母).
(3) 命题变项:$p,q,r,\cdots$(小写字母).
(4) 谓词变项:$P,Q,R,\cdots$(大写字母).
(5) 函数符号:$f,g,h,\cdots$(小写字母).
(6) 联结词符号:$\neg,\wedge,\vee,\rightarrow,\leftrightarrow$.
(7) 量词符号:$\forall,\exists$.
(8) 括号与逗号:$(\ )$,$,$.

3. 合式公式定义
(1) 命题常项、命题变项和原子谓词公式(不含联结词的谓词公式)是合式公式.
(2) 若 A 是合式公式,则 $\neg A$ 也是合式公式.
(3) 若 A,B 是合式公式,则$(A\wedge B)$,$(A\vee B)$,$(A\rightarrow B)$,$(A\leftrightarrow B)$也是合式公式.
(4) 若 A 是合式公式,则$(\forall x)A$,$(\exists x)A$也是合式公式.
(5) 只有有限次地应用(1)~(4)构成的符号串才是合式公式.
谓词逻辑中的合式公式也称为谓词公式,简称公式.

4.4 自然语句的形式化

对谓词变元多次量化的分析
(1) $(\forall x)(\forall y)P(x,y)=(\forall x)((\forall y)P(x,y))$
(2) $(\forall x)(\forall y)P(x,y)=(\forall y)(\forall x)P(x,y)$
(3) $(\forall x)(\exists y)P(x,y)=(\forall x)((\exists y)P(x,y))$
(4) $(\exists x)(\forall y)P(x,y)=(\exists x)((\forall y)P(x,y))$
(5) $(\exists x)(\exists y)P(x,y)=(\exists x)((\exists y)P(x,y))$

4.5 有限域下公式的表示法

有限域下全称量词和存在量词的表示

将论域限定为有限集,不失一般性,用$\{1,2,\cdots,k\}$来表示,这时全称量词和存在量词可化为如下公式:

$$(\forall x)P(x) = P(1) \land P(2) \land \cdots \land P(k)$$
$$(\exists x)P(x) = P(1) \lor P(2) \lor \cdots \lor P(k)$$

因此可以说,全称量词$\forall$是合取词$\land$的推广,存在量词是析取词$\lor$的推广.

4.6 公式的普遍有效性和判定问题

1. 普遍有效公式 设A为一个谓词公式,若A在任何解释下真值均为真,则称A为普遍有效公式.

2. 不可满足公式 设A为一个谓词公式,若A在任何解释下真值均为假,则称A为不可满足公式.

3. 可满足公式 设A为一个谓词公式,若至少存在一个解释使A为真,则称A为可满足公式.普遍有效公式一定是可满足公式.

4. 有限域上公式普遍有效性的几个结论 有限域上一个公式的可满足性和普遍有效性依赖于个体域个体的个数.即在某个含k个元素的k个体域上普遍有效(或可满足),则在任一k个体域上也普遍有效(或可满足).

如果某公式在k个体域上普遍有效,则在$k-1$个体域上也普遍有效.

如果某公式在k个体域上可满足,则在$k+1$个体域上也可满足.

5. 谓词逻辑的判定问题 谓词逻辑的判定问题,指的是任一公式的普遍有效性的判定问题.若说谓词逻辑是可判定的,就要求给出一个能行的方法,使得对任一谓词公式都能判定是否是普遍有效的.

6. 谓词逻辑判定问题的几个结论

(1) 一阶谓词逻辑是不可判定的.对任一谓词公式而言,没有一个能行的方法判明它是否是普遍有效的.

(2) 一阶谓词逻辑的某些子类是可判定的.其中包括:

① 只含有一元谓词变项的公式是可判定的.

② $(\forall x_1)(\forall x_2)\cdots(\forall x_n)P(x_1,x_2,\cdots,x_n)$和$(\exists x_1)(\exists x_2)\cdots(\exists x_n)P(x_1,x_2,\cdots,x_n)$型公式,若$P$中无量词和其他自由变项也是可判定的.

③ 个体域有穷时的谓词公式是可判定的.

第 5 章 谓词逻辑的等值和推理演算

5.1 否定型等值式

1. 等值 设 A,B 是一阶谓词逻辑中任意两个公式,若 $A \leftrightarrow B$ 是普遍有效的公式,则称 A 与 B 等值,记作 $A = B$ 或 $A \Leftrightarrow B$.

2. 否定型等值式

$$\neg (\forall x) P(x) = (\exists x) \neg P(x)$$
$$\neg (\exists x) P(x) = (\forall x) \neg P(x)$$

5.2 量词分配等值式

1. 量词对析取词和合取词的分配律

$$(\forall x)(P(x) \vee q) = (\forall x) P(x) \vee q$$
$$(\exists x)(P(x) \vee q) = (\exists x) P(x) \vee q$$
$$(\forall x)(P(x) \wedge q) = (\forall x) P(x) \wedge q$$
$$(\exists x)(P(x) \wedge q) = (\exists x) P(x) \wedge q$$

其中 q 是命题变项,与个体变元 x 无关.

2. 量词对蕴涵词的分配律

$$(\forall x)(P(x) \to q) = (\exists x) P(x) \to q$$
$$(\exists x)(P(x) \to q) = (\forall x) P(x) \to q$$
$$(\forall x)(p \to Q(x)) = p \to (\forall x) Q(x)$$
$$(\exists x)(p \to Q(x)) = p \to (\exists x) Q(x)$$

其中 p,q 是命题变项,与个体变元 x 无关.

3. 全称量词 $\forall$ 对 $\wedge$,存在量词 $\exists$ 对 $\vee$ 的分配律

$$(\forall x)(P(x) \wedge Q(x)) = (\forall x) P(x) \wedge (\forall x) Q(x)$$
$$(\exists x)(P(x) \vee Q(x)) = (\exists x) P(x) \vee (\exists x) Q(x)$$

4. 变元易名与 $\forall$ 对 $\vee$,$\exists$ 对 $\wedge$ 的分配等值式

$$(\forall x)(\forall y)(P(x) \vee Q(y)) = (\forall x) P(x) \vee (\forall x) Q(x)$$
$$(\exists x)(\exists y)(P(x) \wedge Q(y)) = (\exists x) P(x) \wedge (\exists x) Q(x)$$

5.3 范 式

1. 前束范式 设 A 为一个一阶谓词逻辑公式,如果 A 中的所有量词都位于该公式的最左边(不含否定词),且这些量词的辖域都延伸到整个公式的末端,则称 A 为前束范式.前束范式 A 的一般形式为

$$(Q_1x_1)(Q_2x_2)\cdots(Q_nx_n)M(x_1,x_2,\cdots,x_n)$$

其中 $Q_i(1\leqslant i\leqslant n)$ 为 $\forall$ 或 $\exists$, M 为不含量词的公式,称作公式 A 的基式或母式.

2. 前束范式存在定理 一阶谓词逻辑的任一公式都存在与之等值的前束范式,但其前束范式并不唯一.

3. 化前束范式的基本步骤:

(1) 消去联结词 $\rightarrow$, $\leftrightarrow$.

(2) 右移否定词 $\neg$(利用否定型等值式与摩根律).

(3) 量词左移(使用量词分配等值式).

(4) 变元易名(使用变元易名分配等值式).

4. Skolem 标准型 一阶谓词逻辑的任一公式 A,若其前束范式中所有的存在量词都在全称量词的左边,或是仅保留全称量词而消去存在量词,便得到公式 A 的 Skolem 标准型. 公式 A 与其 Skolem 标准型只能保持某种意义下的等值关系.

5. $\exists$ 前束范式 一阶谓词逻辑的任一公式 A 的 $\exists$ 前束范式(或称 Skolem 标准型)的形式为

$$(\exists x_1)(\exists x_2)\cdots(\exists x_i)(\forall x_{i+1})\cdots(\forall x_n)M(x_1,x_2,\cdots,x_n)$$

即所有的存在量词都在全称量词的左边,且应保证至少有一个存在量词($i\geqslant 1$),同时 $M(x_1, x_2,\cdots,x_n)$ 中不含量词也无自由个体变项.

6. $\exists$ 前束范式存在定理 一阶谓词逻辑的任一公式 A 都存在与之等值的 $\exists$ 前束范式,并且 A 是普遍有效的当且仅当其 $\exists$ 前束范式是普遍有效的.

7. $\forall$ 前束范式 一阶谓词逻辑的任一公式 A 的 $\forall$ 前束范式(或称 Skolem 标准型)是仅保留全称量词的前束范式.

8. $\forall$ 前束范式存在定理 一阶谓词逻辑的任一公式 A 都可化成相应的 $\forall$ 前束范式(仅保留全称量词的前束范式,或称 Skolem 标准型),并且 A 是不可满足的当且仅当其 $\forall$ 前束范式是不可满足的.

5.4 基本推理公式

1. 一阶谓词逻辑的推理形式和推理公式 在一阶谓词逻辑中,从前提 $A_1, A_2,\cdots,A_n$ 出发,推出结论 B 的推理形式结构,依然采用如下的蕴涵式形式:

$$A_1 \wedge A_2 \wedge \cdots \wedge A_n \rightarrow B$$

若上式为永真式,则称推理正确,否则称推理不正确. 于是,在一阶谓词逻辑中判断推理是否正确便归结为判断上式是否为永真式,并称满足永真式的蕴涵式为推理公式,用如下形式的符号表示

$$A_1 \wedge A_2 \wedge \cdots \wedge A_n \Rightarrow B$$

2. 基本推理公式

(1) $(\forall x)P(x) \vee (\forall x)Q(x) \Rightarrow (\forall x)(P(x) \vee Q(x))$

(2) $(\exists x)(P(x) \wedge Q(x)) \Rightarrow (\exists x)P(x) \wedge (\exists x)Q(x)$

(3) $(\forall x)(P(x) \rightarrow Q(x)) \Rightarrow (\forall x)P(x) \rightarrow (\forall x)Q(x)$

(4) $(\forall x)(P(x) \rightarrow Q(x)) \Rightarrow (\exists x)P(x) \rightarrow (\exists x)Q(x)$

(5) $(\forall x)(P(x) \leftrightarrow Q(x)) \Rightarrow (\forall x)P(x) \leftrightarrow (\forall x)Q(x)$
(6) $(\forall x)(P(x) \leftrightarrow Q(x)) \Rightarrow (\exists x)P(x) \leftrightarrow (\exists x)Q(x)$
(7) $(\forall x)(P(x) \rightarrow Q(x)) \wedge (\forall x)(Q(x) \rightarrow R(x)) \Rightarrow (\forall x)(P(x) \rightarrow R(x))$
(8) $(\forall x)(P(x) \rightarrow Q(x)) \wedge P(a) \Rightarrow Q(a)$
(9) $(\forall x)(\forall y)P(x,y) \Rightarrow (\exists x)(\forall y)P(x,y)$
(10) $(\exists x)(\forall y)P(x,y) \Rightarrow (\forall y)(\exists x)P(x,y)$

5.5 推理演算

1. 谓词逻辑中使用推理规则的推理演算方法 在命题逻辑中,由引入几条推理规则,配合基本推理公式所进行的推理演算方法,可以容易地推广到谓词逻辑中.事实上,由于在谓词逻辑中不能使用真值表法,又不存在判别 $A \rightarrow B$ 是普遍有效的一般方法,从而使用推理规则的推理方法已成为谓词逻辑的基本推理演算方法.所使用的推理规则除命题逻辑的推理演算中用到的 6 条基本推理规则外(参见 2.9 节),还包括 4 条有关量词的消去和引入规则.

2. 全称量词消去规则(简记为 UI 规则或 UI)

$$\frac{(\forall x)P(x)}{\therefore P(y)} \quad 和 \quad \frac{(\forall x)P(x)}{\therefore P(c)}$$

两式成立的条件是:

(1) 第一式中,取代 x 的 y 应为任意的不在 $P(x)$ 中约束出现的个体变项.
(2) 第二式中,c 为任意个体常项.
(3) 用 y 或 c 去取代 $P(x)$ 中自由出现的 x 时,必须在 x 自由出现的一切地方进行取代.

3. 全称量词引入规则(简记为 UG 规则或 UG)

$$\frac{P(y)}{\therefore (\forall x)P(x)}$$

该式成立的条件是:

(1) 无论 $P(y)$ 中自由出现的个体变项 y 取何值,$P(y)$ 应该均为真.
(2) 取代自由出现的 y 的 x 也不能在 $P(y)$ 中约束出现.

4. 存在量词消去规则(简记为 EI 规则或 EI)

$$\frac{(\exists x)P(x)}{\therefore P(c)}$$

该式成立的条件是:

(1) c 是使 P 为真的特定的个体常项.
(2) c 不在 $P(x)$ 中出现.
(3) $P(x)$ 中没有其他自由出现的个体变项.

5. 存在量词引入规则(简记为 EG 规则或 EG)

$$\frac{P(c)}{\therefore (\exists x)P(x)}$$

该式成立的条件是:

(1) c 是特定的个体常项.

(2) 取代 c 的 x 不在 $P(c)$ 中出现过.

6. 使用推理规则的推理演算过程   首先将以自然语句表示的推理问题引入谓词加以形式化;若不能直接使用基本的推理公式则消去量词,在无量词下使用规则和公式推理;最后再引入量词以求得结论.

5.6 谓词逻辑的归结推理法

1. 谓词逻辑的归结推理法   命题逻辑中的归结推理法可以推广到谓词逻辑中.其证明过程与命题逻辑相似.所不同的是需对谓词逻辑中的量词和变元进行特殊的处理.

2. 归结推理法步骤

(1) 欲证 $A_1 \wedge A_2 \wedge \cdots \wedge A_n \to B$ 是定理,等价于证 $G = A_1 \wedge A_2 \wedge \cdots \wedge A_n \wedge \neg B$ 是矛盾式.

(2) 将 G 化为前束范式.进而化为 Skolem 标准型.消去存在量词,得到仅含全称量词的前束范式 G^*(由于全称量词的前束范式保持不可满足的特性,故 G 与 G^* 在不可满足的意义下是一致的).

(3) 略去 G^* 中的全称量词,G^* 中的合取词 $\wedge$ 以",",表示,便得到 G^* 的子句集 S.实用中可分别求出诸 A_i 与 $\neg B$ 的子句集.

(4) 对 S 作归结.直至归结出空子句 □.

归结法证明举例:设 C_1, C_2 是两个无共同变元的子句,如下式:$P(x)$ 与 $\neg P(a)$ 在置换 $\{x/a\}$ 下将变元 x 换成 a,构成互补对可进行归结.得到归结式 $R(C_1, C_2)$.

$$C_1 = P(x) \vee Q(x)$$
$$C_2 = \neg P(a) \vee R(y)$$
$$R(C_1, C_2) = Q(a) \vee R(y)$$

第 6 章　谓词逻辑的公理化

6.1　谓词逻辑的公理系统

1. 谓词逻辑的公理系统　谓词逻辑的公理系统是从一些公理（普遍有效式）出发，使用推理规则建立起一系列定理（普遍有效式）的完整体系，所建立的公理系统是完全形式化的理论体系．

2. 公理系统的构成　一个谓词逻辑的公理系统通常包括以下几个部分：

(1) 初始符号　公理系统内允许出现的全体符号的集合．

(2) 形成规则　公理系统内允许出现的合法符号序列的形成方法与规则．

(3) 定义　除形成规则构成的合式公式外所引入的新的合式公式．

(4) 公理　精选的最基本的普遍有效式，作为推演其他所有定理的依据．

(5) 变形规则　公理系统所规定的推理规则．

(6) 定理的推演　从公理出发，使用推理规则，建立所有的定理．

3. 谓词逻辑公理系统举例　该公理系统是建立在第 3 章介绍的命题逻辑公理系统之上的．且该公理系统不会出现逻辑矛盾，在语义上是完备的．

(1) 初始符号

命题变项：以小写英文字母 $p, q, \cdots$ 表示；

个体变项：以小写英文字母 $x, y, \cdots$ 表示；

谓词变项：以大写英文字母 $P, Q, \cdots$ 表示；

命题联结词：$\neg, \vee$；

量词：$\forall, \exists$；

括号和逗点：( )，，．

(2) 形成规则

① 命题变项是合式公式，如 p, q．

② 谓词变项如 $P(x), Q(x, y)$，是合式公式．

③ 若 X 是合式公式，则 $\neg X$ 是合式公式．

④ 若 X, Y 是合式公式，且无一个体变项在二者之一中是约束的但在另一个中是自由的，则 $(X \vee Y)$ 是合式公式．

⑤ 若 X 是合式公式，且 Δ 是 X 中的自由个体变项，则 $(\forall \Delta) X, (\exists \Delta) X$ 是合式公式．

⑥ 只有满足以上①～⑤条的才是合式公式．

(3) 定义

① $(A \wedge B)$ 定义为 $\neg(\neg A \vee \neg B)$

② $(A \to B)$ 定义为 $(\neg A \vee B)$

③ $(A \leftrightarrow B)$ 定义为 $((A \to B) \wedge (B \to A))$

(4) 公理

① ⊢ $((p \vee p) \rightarrow p)$
② ⊢ $(p \rightarrow (p \vee q))$
③ ⊢ $((p \vee q) \rightarrow (q \vee p))$
④ ⊢ $((q \rightarrow r) \rightarrow ((p \vee q) \rightarrow (p \vee r)))$
⑤ ⊢ $((\forall x)P(x) \rightarrow P(y))$
⑥ ⊢ $(P(y) \rightarrow (\exists x)P(x))$

(5) 变形(推理)规则

① **代入规则** 包括命题变项,自由个体变项和谓词变项的代入(要求保持合式公式和普遍有效性不被破坏).

② **分离规则** 如果 ⊢A 和 ⊢$(A \rightarrow B)$ 可得 ⊢B.

③ **置换规则** 定义的左右两方可相互替换.

④ **约束个体易名规则**
公式 A 中的一个约束个体变项 Δ_1,可由另一个体变项 Δ_2 替换.

⑤ **后件概括规则** 如果 ⊢$(A \rightarrow B(\Delta))$,且 Δ 在 A 中不出现,则
⊢$(A \rightarrow (\forall \Delta)B(\Delta))$

⑥ **前件存在规则** 如果 ⊢$(A(\Delta) \rightarrow B)$,且 Δ 在 B 中不出现,则
⊢$(\exists \Delta)A(\Delta) \rightarrow B$

(6) 定理的推演

定理的证明必须依据公理或已证明的定理,同时证明的过程(符号的变换过程)必须依据变形规则.

4. 谓词逻辑公理系统的完备性 谓词逻辑公理系统的完备性是指:任一普遍有效的谓词公式,在该公理系统中是否都可以得到证明.谓词逻辑公理系统的完备性较命题逻辑的公理系统完备性证明复杂得多,1929 年首先由 Gödel 给出了谓词逻辑公理系统完备性的证明,随后又有一些不同的证明方法.

5. 谓词逻辑公理系统的完备性定理 谓词逻辑任一普遍有效的公式,都是可以证明的.该定理也可描述为,在谓词逻辑中,对于任一公式 A,或者 A 是可以证明的,或者 ¬A 是可满足的.

6. 演绎定理 在谓词逻辑的公理系统中,如果从前提 A 经使用推理规则得 B,而在推理过程中又不使用代入规则、前件存在规则和后件概括规则时,只要 $A \rightarrow B$ 是合式公式,必有 ⊢$A \rightarrow B$ 成立.

6.2 谓词逻辑的自然演绎系统

1. 谓词逻辑的自然演绎系统 自然演绎系统是由已给的前提(而不是公理)出发,使用变形规则来推导出所要求的结论.从而自然演绎系统不设立公理,是有前提的推理体系.

2. 自然演绎系统的构成 下面是一个简单的自然演绎系统的基本构成:

(1) 初始符号 除 6.1 节的公理系统所使用的符号外,引入
$$\Gamma = \{A_1, A_2, \cdots, A_n\} = A_1, A_2, \cdots, A_n$$
表示有限个公式的集合. $\Gamma \vdash A$ 表示 Γ, A 间有形式推理关系, Γ 为形式前提(集合), A 为形

式结论,或说使用推理规则可由 $\varGamma$ 得 A.

(2) **形成规则** 同 6.1 公理系统形成规则和定义.

(3) **变形规则** 共有 15 条变形规则,参见教材 6.2.1 小节.

(4) **定理** 该系统可推演出 6.1 节公理系统的所有定理.

所建立的自然演绎系统同 6.1 节的公理系统是等价的,凡自然演绎系统的定理都可由 6.1 节公理系统来证明,反之公理系统的定理也可由自然演绎系统来证明.

6.3 递归函数

1. Turing 机 1936 年英国数学家 Turing 提出的一种可计算的模型,称为 Turing 机. 它是一个结构非常简单但功能又十分强大的理想计算机,在一定程度上反映了人类最基本的原始的计算能力. Turing 机以一条无限长的带(可读写)为存储器,处理的符号以二值逻辑表示. 指令共 6 条,写 1、写 0、右移、左移、遇 1 转移和遇 0 转移,相当于运算器控制器. 这个计算机可实现当今计算机的功能,是计算机的理论模型. 它与今日的计算机相比主要区别是有无限的存储能力,但效率很低. 正是 Turing 机模型推动了 1946 年第一台电子计算机的诞生.

2. 可计算性 凡 Turing 机可做的都是可计算,凡 Turing 机可计算的就叫做可计算的. 可计算的与直觉实际上的可计算是有区别的. 一个 Turing 机可计算的不一定是实际上可计算的;而 Turing 机不可计算的必为实际不可计算.

3. 递归函数 递归函数是数论函数,即以自然数为研究对象,定义域和值域均是自然数. 递归函数是一种构造性函数,不只限于存在性(非构造性)的讨论. 给出一个递归函数,相当于给该函数一个计算的算法. 一般而言,由初始函数经有限次代入和原始(一般)递归规则所得到的函数叫做原始(一般)递归函数. 递归函数就是由几个初始函数出发,通过代入和递归规则(变换)来建立的.

4. 可计算性与递归函数 Turing 机可计算的函数必是递归函数,反之递归函数必是 Turing 机可计算的,它们是等同的概念.

第 7 章 一阶形式理论及模型

7.1 一阶语言及一阶理论

1. 一阶语言　一阶语言的理论是 19 世纪末 20 世纪初数学形式化的产物. 一个一阶语言由字符表、形成规则和公式(既按形成规则构成的字符串)组成.

2. 一阶语言与一阶理论　以 L 表示一个一阶语言,L 将由以下的各部分组成:

(1) 字符表

① 个体变元　$x,y,z,\cdots$ 或者 $x_1,x_2,x_3,\cdots$

② 常项变元　$a,b,c,\cdots$ 或者 $c_1,c_2,c_3,\cdots$

③ 函词符号　$F_1,F_2,\cdots,F_n$ (函词符号集可以是一个无穷的集合)

④ 谓词符号　$P_1,P_2,\cdots,P_m$　(谓词符号集也可以是一个无穷的集合)

⑤ 特殊谓词　$=$ (等号)

⑥ 逻辑联结词　$\neg, \wedge, \vee, \rightarrow, \leftrightarrow$

⑦ 量词　$\forall, \exists$

⑧ 括号　(,)

说明：每一个函词符号,或者谓词符号都带一个预先设置好的整数 $k>0$,称为该函词(谓词)的变目个数. 若 F 的预设整数 $k=2$,则 F 是一个二元函词. 若 P 的预设整数 $k=1$,则 P 是一个一元谓词. 有些一阶语言不带函词.

(2) 形成规则

① 项的形成规则

(i) 任一个体变元 x,任一常项 c 都是一个项.

(ii) 若 F 是一个带 k 个变目的函词,$t_1,t_2,\cdots,t_k$ 是项,则 $F(t_1,t_2,\cdots,t_k)$ 是一个项.

(iii) 只有由定义(i),(ii)归纳定义得到的字符串是项.

② 公式的形成规则

(i) F 是一个 k 目函词,$t_1,t_2,\cdots,t_k, t_{k+1}$ 是项,则 $F(t_1,t_2,\cdots,t_k) = t_{k+1}$ 是一公式.

(ii) P 是一个 k 目谓词,$t_1,t_2,\cdots,t_k$ 是项,则 $P(t_1,t_2,\cdots,t_k)$ 是一公式.

(iii) A,B 是公式,则 $\neg A, A \wedge B, A \vee B, A \rightarrow B, A \leftrightarrow B$ 是公式.

(iv) A 是公式,x 是一变元,则 $\exists x A, \forall x A$ 是公式.

(v) 仅由(i)—(iv)归纳定义得到的字符串是公式.

(3) 语句的定义　公式 A 是一个语句,如果 A 中不含任何变元的自由出现(见教材 4.2.3 小节).

(4) 给定一阶语言 L,T 是一个一阶理论,如果它包括:

① 谓词演算的所有公理.

② 一个 L 中的语句组成的集合,有穷或者无穷,它们称为非逻辑公理.

③ 谓词演算的所有推理规则.

(5) 定理的定义

L 中的一个语句 A 是理论 T 的一个定理，如果 A 是(4)中①或②语句，或者是以逻辑公理或非逻辑公理为前提，使用 T 的推理规则得到的语句.

7.2 结构、赋值及模型

一阶语言的结构 给定一阶语言 L，其中的函词及谓词分别为 $F_1, F_2, \cdots, F_n$；$P_1, P_2, \cdots, P_m$，L 的结构是一个数学结构 $M=(U, f_1, f_2, \cdots, f_n; R_1, R_2, \cdots, R_m)$，满足：

(1) U 是一个非空集合，有穷或者无穷.

(2) 对应于 L 的每一个函词符号 F_j，F_j 是 k 目函词，则 f_j 是 A 上的一个 k 元函数.

(3) 对应于 L 的每一个谓词符号 P_j，P_j 是 k 目谓词，则 R_j 是 A 上的一个 k 元关系.

L 在结构 M 上的一个赋值 I 由以下个映射组成：

(1) L 的常项符号集合 C 到集合 A 的一个映射 $r: C \to A$. 如果对所有常项 $c \in C$，c 在 A 中出现，我们以 $r(c)$ 置换 c 在 A 中的所有出现，这个置换称为 r-置换. A_r 将表示由 A 通过 r-置换所得到的以 A 为论域的公式.

(2) L 的语句到 $\{0,1\}$ 集合的一个映射(记为 I)归纳定义如下：

① $I(F_j(c_1, c_2, \cdots, c_k) = c_{k+1}) = 1$ 当且仅当 $f_j(r(c_1), r(c_2), \cdots, r(c_k)) = r(c_{k+1})$ 在 M 中成立.

② $I(P_j(c_1, c_2, \cdots, c_k)) = 1$ 当且仅当 $<r(c_1), r(c_2), \cdots, r(c_k)> \in R_k$ 在 M 中成立.

③ $I(\neg A) = 1$ 当且仅当 $I(A) = 0$.

④ $I(A \vee B) = 1$ 当且仅当 $I(A) = 1$ 或者 $I(B) = 1$. 对 $A \wedge B, A \to B, A \leftrightarrow B$ 的定义类似.

⑤ $I(\exists x A) = 1$ 当且仅当存在 A 中的元素 c，使 $A_r(c)$ 在 M 中成立.

⑥ $I(\forall x A) = 1$ 当且仅当对所有 A 中的元素 a，使 $A_r(a)$ 在 M 中皆成立.

令 T 是一阶理论，L 是 T 的语言，L 的一个结构 M，一个赋值 I 组成的序对 $<M, I>$ 是 T 的一个模型，如果对所有 T 的非逻辑公理 $A, I(A)=1$，通常记为 $M \models A$. 为表示 M 在某一赋值下是 T 的模型，也写成 $M \models T$.

7.3 理论与模型的基本关系——完全性定理

1. 理论 T 是协调的(语法定义) 一个理论 T 是协调的，如果对任一语句 A，$T \vdash A$ 及 $T \vdash \neg A$ 不可能同时成立.

定理 7.3.1 紧致性定理 T 是协调的，当且仅当 T 的任一有穷子集是协调的.

2. 理论 T 是协调的(语义定义) 一个理论 T 是协调的，如果它有一个模型 $M, M \models T$. 该定义与定义"理论 T 是协调的(语法定义)"是等价的.

定理 7.3.2 一阶理论 T 在语法上是协调的，当且仅当 T 有一个模型.

该证明是一阶形式理论发展史上的一个里程碑. 它的证明思想为以后几十年计算机程序理论的形式语义学奠定了基础. 证明的主要思想是所谓的"项模型"方法. 在 T(语法上的)协调的前提下，通过语法运作，将语句集合本身看作模型；或者引入新的常项变元代替语句，由所有的常项变元(原有的及新引入的)组成论域，定义论域上的相应函数及关系，从而得到

T 的一个模型. 证明过程需要建立以下几个引理:

引理 7.3.1　如果 T 是协调的, A 是任一语句, $T\cup\{A\}$ 或者 $T\cup\{\neg A\}$, 其中至少有一个是协调的.

引理 7.3.2　如果 T 是协调的, T 中的任一语句都不含量词符号, 则 T 有一个模型.

引理 7.3.3　若 T 是协调的, 则 T^* 也是协调的.

上述引理的证明方法是 Henkin 创建的.

定理 7.3.3　Gödel 完全性定理　T 是一阶理论, A 是任一语句, $T \vdash A$ 当且仅当 A 在所有 T 的模型中都成立.

3. 紧致性定理的语义形式　任一一阶理论 T, 如果它的任意有穷子集合有模型, 则 T 有一个模型.

7.4　Lowenheim-Skolem 定理及 Herbrand 方法

一阶语言 L 的基数定义为 L 的符号集合的基数, 记为 $|L|$, 令 T 是语言 L 上的一阶理论. 本节仅限于讨论 $|L| \leqslant \varkappa$ 的情形.

定理 7.4.1　Lowenheim-Skolem 定理　如果 T 有一个无穷模型, 则 T 有一个基数 $\leqslant \omega$ 的模型, 即该模型或者是有穷的, 或者是可数无穷的.

谓词演算的一个公式 A 是不可满足的, 如果它没有任何模型, 或者说它是矛盾的. Herbrand 方法就是判定一个公式 A 是否不协调的、非确定性的算法.

Herbrand 域　设 A 是 L 的一个无 $\exists$ 前束范式, 定义 A 的 Herbrand 域 H 为 $\{t'\mid t$ 是由在 A 中出现的个体常项符号, 自由变元符号和函词符号生成的项(如果在 A 中不出现个体常项符号或自由变元符号, 则取任何一个新的常项符号)$\}$.

定理 7.4.2　Herbrand 定理　任一一阶公式 A 是不可满足的, 当且仅当存在 S 中的有穷子集合 S', S' 是不可满足的.

其中 S 不是 A 的母式的特例集合, 而是 A 的无 $\exists$ 前束范式 A' 的母式的特例集合. S 不含任何量词和变元.

7.5　一阶形式理论 Z_1

一阶形式理论 Z_1　在对一阶形式理论及其模型的研究中, Gödel 的不完全性定理, 被认为是 20 世纪最重要的数学定理. 它深刻地揭示了语法及语义的关系, 对数学以及哲学、认识论都有深刻的影响. 重要结果之一就是否定了 Hilbert 关于将一切数学领域形式化的所谓"Hilbert 纲领". Gödel 定理断言: 对任一足够复杂的一阶理论, 都存在一个形式语句 A, T 推不出 A, 也推不出 $\neg A$.

为了比较具体详细地了解 Gödel 不完全性定理, 需事先了解一个特殊的形式理论系统 Z_1. Z_1 是一个比初等算术的形式理论"稍微大一点"的形式理论, 将在 Z_1 上介绍和证明 Gödel 不完全性定理. Z_1 可以理解成关于非负整数的一个形式理论, 它的语言 L 中的谓词是 $R_1(x,y,z)$ 及 $R_2(x,y,z)$, 分别表示加法关系 $x+y=z$ 和乘法关系 $x \cdot y = z$.

7.6 Gödel 不完全性定理

定理 7.6.1 Gödel 不完全性定理 若 Z_1 是协调的,则存在 Z_1 的一个语句 A,在 Z_1 中 A 及 $\neg A$ 都不可能形式证明.

1. 配数方法 任给一个公式 A,$[A]$ 表 A 的 Gödel 数.

2. 可定义性 为区别 Z_1 中的常项 0 和 1 与 N 中的元素 0 和 1. 将 Z_1 中的 0 和 1 分别写为 0_1,1_1. 在 Z_1 中定义新的常项 $2_1 = 1_1 + 1_1$,$(n+1)_1 = n_1 + 1_1$. N 上的一个关系 $R(x_1, x_2, \cdots, x_n)$ 是 Z_1 中可定义的,如果对任意的 N 中的元素组 $k_1, k_2, \cdots, k_n$,有 Z_1 的公式 $A(x_1, x_2, \cdots, x_n)$ 使得

$$N \models R(k_1, k_2, \cdots, k_n), \text{当且仅当} \ Z_1 \vdash A((k_1)_1, (k_2)_1, \cdots, (k_n)_1).$$

3. Gödel 不完全性定理的三个引理

引理 7.6.1 对任一递归函数 r,关系 R_r 在 Z_1 中是可定义的.

引理 7.6.2 对任一递归函数 r,关系 R_r 是一个递归关系.

引理 7.6.3 令 $A(x)$ 是 Z_1 的一个公式,$[A(X)] = m$ 是它的 Gödel 数,n 是一个整数,代表某一个项 t,则 $\text{Sub}(m, n) = \text{Sub}([A(x)], [t]) = [A(t)]$.

引理 7.6.4(对角线定理) 令 $\varphi(x)$ 是 Z_1 的语言 L 的任一个公式,它的唯一的自由变元是 x,则存在语句 Ψ,使得

$$Z_1 \vdash \Psi \leftrightarrow \varphi([\Psi])$$

定理 7.6.2 Gödel 的第二不完全性定理 令 $\text{CON}(Z_1)$ 表示 Z_1 是协调的. 通过编码,$\text{CON}(Z_1)$ 可以表达为 Z_1 的一个形式公式,某一 Z_1 的语句 Ψ 在 Z_1 中不可证明(如果 Z_1 不协调,任何公式都在 Z_1 中可证).

实际上,Ψ 与 $\text{CON}(Z_1)$ 是等价的.

定理 7.6.3 广义 Gödel 不完全性定理 令 T 是任何一个理论,它的公理是归纳地给出的,同时原始递归函数在 T 中可以定义,那么,若 T 协调,则

(1) 存在语句 A,A 及 $\neg A$ 在 T 中都不可证.

(2) $\text{CON}(T)$ 在 T 中是不可证的.

第8章 证明论中的逻辑系统

8.1 λ-演 算

1. λ-演算 1930 年美国逻辑学家 Kleen 创建 λ-演算. λ-演算可以说是最简单、最小的一个形式系统. 简单地说, λ-演算就是表达"代入"或者"置换"这一数学上和计算机计算中最简单、但又是最普遍的运作的. 它是函词式程序理论的基础, 在 λ-演算的基础上发展起来的 π-演算、χ 演算, 成为近年来的并发程序理论的理论工具之一, 许多经典的并发程序模型就是以 π-演算为框架的.

2. λ-演算的描述

(1) 字母表

① $x_1, x_2, \cdots$ 变元

② $\to$ 归约

③ $=$ 等价

④ $\lambda,), ($ 辅助工具符号

(2) λ-项

① 任一个变元是一个项.

② 若 M, N 是项, 则 (MN) 也是一个项.

③ 若 M 是一个项, 而 x 是一个变元, 则 $(\lambda x M)$ 也是一个项.

④ 仅仅由①~③规则归纳定义得到的符号串是项.

(3) 公式

若 M, N 是 λ-项, 则 $M \to N, M = N$ 是公式.

说明: ① 在任一 λ-项 M 中, 变元 x 的自由出现的定义与谓词演算中的公式中的自由变元的出现类似, 可归纳地定义.

② 在任一 λ-项 M 中, λx 的控制域的定义与谓词演算中量词的控制域的定义类似, 但它们是相对于 λ-x 而言的, 亦可归纳定义.

③ 令 M, N 是 λ-项, x 在 M 中有自由出现, 若以 N 置换 M 中所有 x 的自由出现（M 中可能含有 x 的约束出现）, 我们得到另外一个 λ-项, 记为 $M[x/N]$.

④ 一个 λ-项的子项亦可归纳定义.

(4) 理论 λ-演算的公理和规则组成分为以下两个部分:

第 1 部分:

① $.(\lambda x.M)N \to M[x/N]$ （β 归约）

② $M \to M$

③ $M \to N, N \to L \Rightarrow M \to N$

④ (a) $M \to M' \Rightarrow ZM \to ZM'$

(b) $M \to M' \Rightarrow MZ \to M'Z$

(c) $M \to M' \Rightarrow \lambda x M \to \lambda x M'$

第 2 部分：

① $M \to M' \Rightarrow M = M'$

② $M = M' \Rightarrow M' = M$

③ $M = N, N = L \Rightarrow M = L$

④ (a) $M = M' \Rightarrow ZM = ZM'$

(b) $M = M' \Rightarrow MZ = M'Z$

(c) $M = M' \Rightarrow \lambda x. M = \lambda x. M'$

如果某一公式 $M \to N$，或者 $M = N$ 可以由以上公理推出，则记为 $\lambda \vdash M = N, \lambda \vdash M \to N$. 一个 λ-项 M 中不含任何形为 $((\lambda x. N_1)N_2)$ 的子项，则称 M 是一个范式，简记为 $n.f.$. 如果 λ-项 M 通过有穷步 β 归约后，得到一个范式，则称 M 有 $n.f.$，没有 $n.f.$ 的 λ-项称为 $n.n.f.$。

定理 8.1.1 **不动点定理** 对每一个 $F \in \Lambda$，存在 $M \in \Lambda$，使得 $\lambda \vdash FM = M$（其中 Λ 表示所有的 λ-项组成的集合）.

定义 $\omega = \lambda x. F(xx)$，又令 $M = \omega \omega$，则有 $\lambda \vdash M = \omega \omega = (\lambda x. F(xx))\omega = F(\omega \omega) = FM$.

定理 8.1.2 **Church-Rosser 定理** 如果 $\lambda \vdash M = N$，则对某一个 Z，$\lambda \vdash M \to Z$ 并且 $\lambda \vdash N \to Z$. 该定理与定理 8.1.3 等价.

定理 8.1.3 **Diamond Property 定理** 如果 $M \to N_1, M \to N_2$，则存在某一 Z，使得 $N_1 \to Z, N_2 \to Z$.

8.2 Scott 域

1. 序关系

定义 8.2.1 令 $<D, \leqslant>$ 是一个偏序集合. 这里 D 是集合，$\leqslant$ 是序关系. 一个子集合 $X \subseteq D$ 是有向的，如果 X 非空而且
$$\forall x, y \in X \exists z \in X(x \leqslant z \land y \leqslant z)$$

定义 8.2.2

一个偏序集合 $<D, \leqslant>$ 称为完全偏序集 (c.p.o)，如果以下两个条件成立：

① D 有一个最小元素，称为 $\bot$.

② 每一个有向集合 $X \subseteq D$ 都有一个最小上界 (l.u.b)，是 D 的一个元素 d，满足 $\forall x \in X, x \leqslant d$，而且任意 D 的元素 d'，如果 d' 大于 X 中的所有的元素，则 $d \leqslant d'$，这个 l.u.b 记为 $\bigcup X$.

连续函数定义 8.2.3

① 令 D_1, D_2 是两个 c.p.o.，映射 $\varphi: D_1 \to D_2$ 是单调的，如果 $a \leqslant b \to \varphi(a) \leqslant \varphi(b)$.

② φ 是连续的，如果对所有 D_1 的有向子集合 $X, \varphi(\bigcup X) = \bigcup(\varphi(X))$.

定义 8.2.4

令 D_1, D_2 是 c.p.o.，

① $[D_1 \to D_2]$ 定义为由 D_1 到 D_2 的连续函数的全体所组成的集合.

② $\forall \varphi, \Psi \in [D_1 \to D_2]$，定义 $\Psi \leqslant \Psi$ 当且仅当 $\forall \in d \in D_1, \varphi(d) \leqslant \Psi(d)$.

引理 8.2.1 $[D_1 \to D_2]$ 在定义 8.2.4 中定义的序关系下是一个 c.p.o.. 而且，对 $[D_1 \to D_2]$ 的每一个有向子集合 $X, \forall d \in D_1, (\bigcup X)(d) = \bigcup (\varphi(d) : \varphi \in X)$.

引理 8.2.2 任两个连续函数 φ, ψ 的复合 $\varphi \circ \psi$，仍然是一个连续函数. 如果 $\varphi \in [D_1 \to D_2], \psi \in [D_2 \to D_3]$，那么 $\varphi \circ \psi \in [D_1 \to D_3]$.

2. 同构和投影

定义 8.2.5 令 D_1, D_2 是两个 c.p.o.，如果存在 $\varphi \in [D_1 \to D_2], \psi \in [D_2 \to D_1]$，使得
$$\varphi \circ \psi = I_2, \quad \psi \circ \varphi = I_1$$
这里 I_1, I_2 分别是 D_1, D_2 上的恒等映射，则称 D_1 与 D_2 是同构的.

定义 8.2.6 令 D_1, D_2 是两个 c.p.o.，I_1, I_2 分别是它们到自身上的恒等映射. 由 D_2 到 D_1 的一个投影是一函数对 (φ, ψ). 这里 $\varphi \in [D_1 \to D_2], \psi \in [D_2 \to D_1]$，使得
$$\psi \circ \varphi = I_1, \quad \varphi \circ \psi \leqslant I_2.$$
如果这样的一对函数存在，称 $<\varphi, \psi>$ 将 D_2 投影到 D_1 上.

如果这样的一个投影存在，则 D_1 将同构于 D_2 的一个子集合 $\varphi(D_1)$. 同时 $\varphi(\bot) = \bot \in D_2, \psi(\bot) = \bot \in D_1$.

定义 8.2.7
① $\mathbf{N}^+ = \mathbf{N} \cup \{\bot\}$. 这里 $\mathbf{N}$ 是整数的全体，两两之间无序关系. 但所有的 $n \geqslant \bot$. 这是一个最简单的 c.p.o..
② $D_0 = \mathbf{N}^+, D_{n+1} = <D_n, D_n>$.

定义 8.2.8
① $\varphi_0(d) = \lambda a \in D_0. d$ ($\forall d \in D_0$)
② $\psi_0(g) = g(\bot_0)$ ($\forall g \in D_1$)
③ 定理

引理 8.2.3 $<\varphi_0, \psi_0>$ 是由 D_1 到 D_0 的一个投影.

定义 8.2.9 （n 阶投影的归纳定义）

令 $n \geqslant 1$. 对所有的 $f \in D_n$，所有的 $g \in D_{n+1}$，定义
$$\varphi_n(f) = \varphi_{n-1} \circ f \circ \psi_{n-1}$$
$$\psi_n(g) = \psi_{n-1} \circ g \circ \varphi_{n-1}$$

引理 8.2.4 (φ_n, ψ_n) 是由 D_{n+1} 到 D_n 的一个投影.

定义 8.2.10 （Scott 域 D_∞ 的构成） D_∞ 是由所有的无穷序列 $D = <d_0, d_1, d_2, \cdots, >$ 组成的集合，这里 $d_n \in D_n$，同时 $\forall n, \psi_n(d_{n+1}) = d_n$. 对 $d, d' \in D_\infty$，定义 $d \leqslant d'$ 当且仅当 $\forall n \geqslant 0 (d_n \leqslant d'_n)$

定理 8.2.1 D_∞ 是 λ-演算系统的一个模型.

8.3 Gentzen 串形演算

1. 自然推理系统

(1) 基本概念

在该自然推理系统中，一个证明是一个类似于树形的图，可能有一个或者多个假设，或者没有假设，只含一个结论.

(2) 推理规则

① 前提 A，

② 导入规则，

③ 消除规则.

(3) 自然推理系统的可计算语义

(4) Curry—Howard 同构

已看到自然推理的推理（证明）与函数项之间的一一对应关系，对一个结构式形式的类型项的集合来说，将成为自然推理的所有推理的集合及这个项的集合之间的一个同构．这就是著名的 Curry—Howard 同构．

① 类型，

② 项．

2. Gentzen 串形演算

(1) 规则

一个串形是形为 $A! \vdash B!$ 的一个表达式．这里 $A!,B!$ 分别是公式的有穷序列 $A_1, A_2, \cdots, A_n$ 及 $B_1, B_2, \cdots, B_m$．该表达式的直觉解释为由 $A_1 \wedge A_2 \wedge \cdots \wedge A_n$ 可推出析取式 $B_1 \vee B_2 \vee \cdots \vee B_m$．

① 恒等式

a. 对任意公式 $C, C \vdash C$ 称为恒等公理．

b. Cut 规则．

② 结构性规则

a. 变位规则．

b. 弱减规则．

c. 收缩规则．

③ 逻辑规则

a. 否定规则．

b. 合取规则．

c. 析取规则．

d. 蕴涵规则．

e. 全称量词规则．

f. 存在量词规则．

(2) 直觉主义的串形演算

直觉主义逻辑，或者构造性逻辑，其本质是不接受排中律，或者矛盾律．对任何一个断言 A，或者 A 为真，或者 $\neg A$ 为真，别无其他选择．

在经典的一阶形式推理系统中，矛盾律表达为

$$\text{若 } \Sigma, \neg A \vdash B \text{ 同时 } \Sigma, \neg A \vdash \neg B, \text{ 则 } \Sigma \vdash A. \tag{1*}$$

而在自然主义推理系统中，此推理规则被减弱为两部分：

$$\text{若 } \Sigma, A \vdash B, \text{ 同时 } \Sigma, A \vdash \neg B, \text{ 则 } \Sigma \vdash \neg A. \tag{2*}$$

$$\text{若 } \Sigma, \vdash B, \text{ 同时 } \Sigma, \vdash \neg B, \text{ 则 } \Sigma \text{ 可推出任一 } A. \tag{3*}$$

Gentzen 的串形演算的优点之一就是要在其逻辑框架下描述直觉主义的逻辑系统十分简明、清楚.

直觉主义的串形演算系统中,接受同样的恒等式 $C \vdash C, C$ 是任一公式.

8.4 线 性 逻 辑

1. 线性逻辑　在 Gentzen 的串形演算中,结构性规则包括弱减及收缩,简单地说,如果将这两条规则去掉,就导致了线性逻辑的建立.线性逻辑是在 1986 年左右,由法国逻辑学家 J. Y. Girard 创建的,被认为是证明论中的一个里程碑.在语法上的一个重要特征是该逻辑中的任一证明中的任一前提 A,在证明中仅使用了一次.

2. 近邻空间

定义 8.4.1　一个近邻空间 X 是一个集合 $|X|$,它的元素称为原子. $X = <|X|, \asymp>$ 其中 $\asymp$ 是 $|X|$ 上的一个自反的、对称的二元关系.任给二元素 $x, y \in |X|$,为了强调 x, y 的近邻关系是在近邻空间 X 中的关系,有时写成: $a \asymp b [\bmod X]$. $|X|$ 的一个子集合 a 称为 X 的一个团体,如果 a 中每两个元素都有近邻关系.记为 $a \subset X$. 如果将 $<|X|, \asymp>$ 看作一个图,也可以称它为 X 的网络图.

除了近邻关系 $\asymp$ 之外,可以定义以下的 $|X|$ 上的关系:

严格近邻 $x \smile y$ 当且仅当 $x \asymp y$ 同时 $x \neq y$

非近邻 $x \frown y$ 当且仅当 $\neg (x \smile y)$

严格非近邻 $x \frown y$ 当且仅当 $\neg (x \asymp y)$

定义 8.4.2　令 X 是一个近邻空间, X 的线性否定空间,记为 $X^\perp$,满足

(1) $|X^\perp| = |X|$

(2) $x \asymp y [\bmod X^\perp]$ 当且仅当 $x \frown y [\bmod X]$.

定义 8.4.3　对任二近邻空间 X, Y,以乘法连接词 $\otimes, \pounds, \Longrightarrow$ 分别定义由 X, Y 产生的一个新的近邻空间 Z,这里 $|Z| = |X| \times |Y|$;近邻关系分别为

(1) $(x, y) \asymp (x_1, y_1) [\bmod X \otimes Y]$ 当且仅当 $x \asymp x_1 [\bmod X]$ 并且 $y \asymp y_1 [\bmod Y]$

(2) $(x, y) \smile (x_1, y_1) [\bmod X \pounds Y]$ 当且仅当 $x \smile x_1 [\bmod X]$ 或者 $y \smile y_1 [\bmod Y]$

(3) $(x, y) \smile (x_1, y_1) [\bmod X \Longrightarrow Y]$ 当且仅当 $x \asymp x_1 [\bmod X]$ 蕴涵 $y \smile y_1 [\bmod Y]$

定义 8.4.4　在同构的意义下,存在一个唯一的近邻空间,它仅含一个元素 0. 该空间是自对偶的(它的线性否定空间就是它自己). 在语法上引入两个常项 1 和 $\perp$,将这两个常项都对应到这个特殊的近邻空间上,形式公理 $1^\perp = \perp, \perp^\perp = 1$ 在这个空间上是成立的. 同时,这个空间对乘法联结词是中性的:对任一近邻空间 $X, X \otimes 1 \cong X, X \pounds \perp \cong X, 1 \Longrightarrow X \cong X, X \Longrightarrow \perp \cong X^\perp$.

定义 8.4.5　任给近邻空间 X, Y,对加法联结词 $\oplus, \&$,分别定义一个新的近邻空间 Z, $|Z| = |X| + |Y| = |X| \times \{0\} \cup |Y| \times \{1\}$,同时

(1) $(x, 0) \asymp (x_1, 0) [\bmod Z]$ 当且仅当 $x \asymp x_1 [\bmod X]$

(2) $(y, 1) \asymp (y_1, 1) [\bmod Z]$ 当且仅当 $y \asymp y_1 [\bmod Y]$

(3) $(x, 0) \smile (y, 1) [\bmod X \& Y]$

(4) $(x, 0) \frown (y, 1) [\bmod X \oplus Y]$

定义 8.4.6 类似于定义 8.4.4,同样存在唯一的一个近邻空间,它的网络图是空集,它是自对偶的. 它将成为常项 T 与 0 的指派. 对 $\oplus$,& 也是中性的: $X \oplus 0 \cong X, X \& T \cong X$. 另外,对于乘法联结词,并有

$$X \otimes 0 \cong 0, X \pounds T \cong T, 0 \Longrightarrow X \cong T, X \Longrightarrow T \cong T.$$

3. 线性串形演算

(1) 恒等式及否定规则

(2) 结构规则

(3) 逻辑规则

4. 线性命题串形演算在近邻空间中的语义解释

这里只考虑命题演算部分,令 $p, q, r, \cdots$ 是原子命题. 对每一个原子命题,指派一个近邻空间: $p^*, q^*, r^*, \cdots$. 由公式的归纳定义,它们正好对应于 1. 中的近邻空间的"算子": 对任意的近邻空间 X, Y,已有 $X^\perp$,$X \otimes Y, X \pounds Y, X \oplus Y, X \& Y, X \Longrightarrow Y$ 的定义. 所以,任一公式 A 在原始指派下,对应于一个唯一确定的近邻空间. 要将这个对应扩充到串形及推理规则的每一执行过程,最后扩充到每一个证明上.

定义 8.4.7 假定 $\vdash \Gamma (= \vdash A_1, A_2, \cdots, A_n)$ 是一个串形,对每一个 Γ 中的公式 A_j,A_j^* 是已经指派了的近邻空间. 串形 $\vdash \Gamma$ 对应的近邻空间 $(\vdash \Gamma)^*$ 定义为

(1) $|(\vdash \Gamma)^*| = |A_1^*| \times |A_2^*| \times \cdots \times |A_n^*|$

(2) $x_1 x_2 \cdots x_n \smile y_1 y_2 \cdots y_n$ 当且仅当 $\exists j, x_j \smile y_j$.

定义 8.4.8 (1) 恒等公理 $\vdash A, A^\perp$ 对应于集合 $\{xx ; x \in |A^*|\}$

(2) cut 规则 令 π 是 $\vdash \Gamma, A$ 的证明,λ 是 $\vdash \Delta, \neg A$ 的证明,通过 cut 规则,我们得到的串形是 $\vdash \Gamma, \Delta$. 这形成 $\vdash \Gamma, \Delta$ 的证明 ρ.

(3) 交换规则 若 π 是 $\vdash \Gamma$ 的一个证明,Γ' 是 Γ 中成员的位置交换结果. 由此产生的 $\vdash \Gamma'$ 的证明 ρ 对应的团体 $\rho^* = \{\delta(\beta); \delta$ 是该位置交换,$\beta \in \pi^*\}$.

定义 8.4.9 对于所有其他的规则,给出以该规则为"最后使用了的规则"的证明 ρ^* 的近邻语义,同样 ρ^* 必定是一个团体.

(1) 公理 $\vdash 1$ 解释为特殊的近邻空间 1 的团体 $\{0\}$ (0 是唯一的那个元素).

(2) 公理 $\vdash \Gamma, T$ 解释为空间 $(\vdash \Gamma, T)^*$ 的空团体.

(3) false 规则 令 π 是 $\vdash \Gamma$ 的证明,ρ 是 $\vdash \Gamma, \bot$ 的以该规则结尾的证明,则定义 $\rho^* = \{\beta 0 ; \beta \in \pi^*\}$.

(4) par 规则 π 是 $\vdash \Gamma, A, B$ 的证明,ρ 是 $\vdash \Gamma, A \pounds B$ 的证明,则 $\rho^* = \{\beta(y, z) ; \beta yz \in \pi^*\}$.

(5) times 规则 π 是 $\vdash \Gamma, A, \lambda$ 是 $\vdash \Gamma, B$ 的证明,ρ 是 $\vdash \Gamma, A \otimes B$ 的证明,则 $\rho^* = \{\beta(y, z)\alpha ; \beta y \in \pi^*, z\alpha \in \lambda^*\}$.

(6) lest plus 规则 令 π 是 $\vdash \Gamma, A$ 的证明,ρ 是 $\vdash \Gamma, A \oplus B$ 的证明,则 $\rho^* = \{\beta(y, 0); \beta y \in \pi^*\}$

(7) right plus 规则 令 π 是 $\vdash \Gamma, B$ 的证明,ρ 是 $\vdash \Gamma, A \oplus B$ 的证明,则 $\rho^* = \{\beta(y, 1); \beta y \in \pi^*\}$.

(8) with 规则 π 是 $\vdash \Gamma, A, \lambda$ 是 $\vdash \Gamma, B$ 的证明,ρ 是 $\vdash \Gamma, A \& B$ 的证明,则 $\rho^* = \{\beta(y, 0); \beta y \in \pi^*\} \cup \{\beta(y, 1); \beta y \in \lambda^*\}$.

定义 8.4.10 令 X,Y 是近邻空间，由 X 到 Y 的映射 F 是线性的，如果

(1) 若 $a\subset X$ 则 $F(a)\subset Y$.

(2) 若 $\bigcup b_j = a \subset X$ 则 $F(a) = \bigcup F(b_j)$.

(3) 若 $a\bigcup b \subset X$，则 $F(a\bigcap b) = F(a)\bigcap F(b)$.

定义 8.4.11

(1) 对任一由 X 到 Y 的线性映射，定义 $\mathrm{Tr}(F) \subset X \Longrightarrow Y$（称为 F 的迹，trace）：
$$\mathrm{Tr}(F) = \{(x,y); y \in F(\{x\})\}$$

(2) 对任一 $A \subset X \Longrightarrow Y$，定义线性函数 $A(.): X \to Y$：

若 $a \subset X$，则 $A(a) = \{y; \exists x \in a, (x,y) \in A\}$

定理 8.4.1 存在 $X \Longrightarrow Y$ 的全体团体之集与由 X 到 Y 的全体线性映射之集之间的 1—1 映射.

证明论专家普遍认为，线性逻辑系统的证明是最类似"算法"的语义对象，将为计算机科学，特别是并行算法提供一个新的、有力的工具.

第 9 章 集　　合

9.1　集合的概念与表示方法

1. 集合的概念　集合是无法给出严格精确定义的最基本的数学概念. 以下是两则典型的叙述.

集合是一些确定的、可以区分的事物汇聚在一起组成的一个整体. 组成一个集合的每个事物称为该集合的一个元素.

吾人直观或思维之对象,如为相异而确定之物,其总括之全体即谓称集合,其组成此集合之物谓称集合之元素.

2. 集合的元素与集合之间的关系　一个集合的元素和该集合之间是隶属关系,即属于或不属于. 若元素 a 属于集合 A,记作 $a \in A$,否则记作 $a \notin A$.

本书采用的体系中规定,集合的元素都是集合. 同时为保持体系上的严谨性,规定:对任何集合 A 都有 $A \notin A$.

3. 集合的表示法　表示一个集合的方法有两种:外延表示法和内涵表示法. 外延表示法又称之为列元素法,即列出集合的所有元素. 内涵表示法又称为谓词表示法,即用谓词来概括集合中元素的性质. 一般而言,如果 $P(x)$ 表示一个谓词,则可以用 $\{x \mid P(x)\}$ 或 $\{x:P(x)\}$ 表示一个集合. $\{x \mid P(x)\}$ 是使 $P(x)$ 为真的所有元素 x 组成的集合. 即若 $P(a)$ 为真,则 a 属于该集合.

9.2　集合间的关系和特殊集合

定义 9.2.1　集合的相等　两个集合 A, B 相等,当且仅当它们具有相同的元素. 若集合 A 和 B 相等,则记作 $A=B$;否则记作 $A \neq B$. 该定义的符号化表示为

$$A = B \Leftrightarrow (\forall x)(x \in A \leftrightarrow x \in B)$$

$$A \neq B \Leftrightarrow (\exists x) \neg (x \in A \leftrightarrow x \in B)$$

定义 9.2.2　子集　设 A, B 为集合,若 A 中的每个元素都是 B 的元素,则称 A 为 B 的子集合,简称子集. 这时称 B 包含 A,记作 $A \subseteq B$. 该定义的符号化表示为

$$A \subseteq B \Leftrightarrow (\forall x)(x \in A \to x \in B)$$

定理 9.2.1　两个集合相等的充要条件是它们互为子集. 符号化表示为

$$A = B \Leftrightarrow (A \subseteq B \wedge B \subseteq A)$$

定理 9.2.2　对任意的集合 A, B 和 C,包含关系 $\subseteq$ 分别具有下列性质:

(1) $A \subseteq A$　　　　　　　　　　　　(自反性).

(2) $(A \subseteq B \wedge B \subseteq A) \Rightarrow A = B$　　　　(反对称性).

(3) $(A \subseteq B \wedge B \subseteq C) \Rightarrow A \subseteq C$　　　　(传递性).

定义 9.2.3　真子集　对任意两个集合 A 和 B,若 $A \subseteq B$ 且 $A \neq B$,则称 A 是 B 的真子

集,或称 B 真包含 A. 记作 $A \subset B$. 该定义的符号化表示为
$$A \subset B \Leftrightarrow (A \subseteq B \land A \neq B).$$

定义 9.2.4　不相交　若两个集合 A 和 B 没有公共元素,就称 A 和 B 是不相交的. 该定义也可写成
$$A \text{ 和 } B \text{ 不相交} \Leftrightarrow \neg(\exists x)(x \in A \land x \in B).$$

定义 9.2.5　空集　不含任何元素的集合称为空集,记作 $\varnothing$. 空集可符号化为
$$\varnothing = \{x \mid x \neq x\}.$$

定理 9.2.3　空集是一切集合的子集. 即,对任意的集合 A, $\varnothing \subseteq A$.

定义 9.2.6　全集　在给定的问题中,所考虑的所有事物的集合称为全集,记作 E. 该定义亦可叙述为,在一个具体问题中,如果所涉及的集合都是某个集合的子集,则称这个集合为全集. 全集定义的符号化表示为
$$E = \{x \mid x = x\}.$$

全集是有相对性的,不同的问题有不同的全集. 即使同一个问题也可以取不同的全集.

9.3　集合的运算

定义 9.3.1　集合的基本运算　对集合 A 和 B,集合的基本运算包括并,交,差(相对补)和对称差,分别定义如下.

(1) 并集 $A \cup B$ 定义为 $A \cup B = \{x \mid x \in A \lor x \in B\}$.

(2) 交集 $A \cap B$ 定义为 $A \cap B = \{x \mid x \in A \land x \in B\}$.

(3) 差集 $A - B$ 定义为 $A - B = \{x \mid x \in A \land x \notin B\}$(又称 B 对 A 的相对补集).

(4) 余集 $-A$ 定义为 $-A = E - A = \{x \mid x \notin A\}$(其中 E 为全集. A 的余集又称 A 的绝对补集,也是 A 对 E 的相对补集).

(5) 对称差 $A \oplus B$ 定义为 $A \oplus B = (A - B) \cup (B - A) = \{x \mid x \in A \underline{\lor} x \in B\}$.

定义 9.3.2　广义并和广义交　设 A 为集合, A 的所有元素的元素组成的集合称为 A 的广义并,记作 $\cup A$;设 A 为非空集合,把 A 的所有元素的公共元素组成的集合称为 A 的广义交,记作 $\cap A$. 分别用符号化表示为
$$\cup A = \{x \mid (\exists z)(z \in A \land x \in z)\},$$
$$\cap A = \{x \mid (\forall z)(z \in A \to x \in z)\}.$$

此外,对空集 $\varnothing$ 可以进行广义并, $\cup \varnothing = \varnothing$. 但 $\cap \varnothing$ 不是集合,没有意义.

定义 9.3.3　幂集　设 A 为集合,把 A 的所有子集组成的集合称为 A 的幂集,记作 $P(A)$. 符号化表示为
$$P(A) = \{x \mid x \subseteq A\}.$$

对任意的集合 A,有 $\varnothing \subseteq A$ 和 $A \subseteq A$,因此有 $\varnothing \in P(A)$ 和 $A \in P(A)$.

1. 有序对　由两个元素 x 和 y(允许 $x = y$)按给定次序排列组成的二元组称为一个有序对或序偶,记作 $\langle x, y \rangle$,其中 x 是它的第一元素, y 是它的第二元素.

有序对 $\langle x, y \rangle$ 具有以下性质:

(1) 当 $x \neq y$ 时, $\langle x, y \rangle \neq \langle y, x \rangle$.

(2) $\langle x, y \rangle = \langle u, v \rangle$ 的充要条件是 $x = u$ 且 $y = v$.

定义 9.3.4 用集合的形式,有序对 $\langle x,y \rangle$ 定义为
$$\langle x,y \rangle = \{\{x\},\{x,y\}\}.$$

定义 9.3.5 n **元组** 若 $n \in \mathbf{N}$ 且 $n>1$, $x_1, x_2, \cdots, x_n$ 是 n 个元素,则 n 元组 $\langle x_1, x_2, \cdots, x_n \rangle$ 定义为

当 $n=2$ 时,二元组是有序对 $\langle x_1, x_2 \rangle$;

当 $n \neq 2$ 时,$\langle x_1, x_2, \cdots, x_n \rangle = \langle \langle x_1, x_2, \cdots, x_{n-1} \rangle, x_n \rangle$.

定义 9.3.6 **集合 A 和 B 的笛卡儿积** 设 A,B 为集合,用 A 中元素为第一元素,B 中元素为第二元素构成有序对.所有这样的有序对组成的集合称为 A 和 B 的笛卡儿积,记作 $A \times B$.

A 和 B 的笛卡儿积的符号化表示为
$$A \times B = \{\langle x,y \rangle \mid x \in A \wedge y \in B\}.$$

定义 9.3.7 n **阶笛卡儿积** 若 $n \in \mathbf{N}$,且 $n>1$, $A_1, A_2, \cdots, A_n$ 是 n 个集合,它们的 n 阶笛卡儿积记作 $A_1 \times A_2 \times \cdots \times A_n$,并定义为
$$A_1 \times A_2 \times \cdots \times A_n = \{\langle x_1, x_2, \cdots, x_n \rangle \mid x_1 \in A_1 \wedge x_2 \in A_2 \wedge \cdots \wedge x_n \in A_n\}.$$

2. 集合运算的优先顺序 对集合运算的优先顺序做如下规定:

称广义并,广义交,幂集,绝对补运算($\bigcup A, \bigcap A, P(A), \sim A$)为一类运算;

并,交,对称差,笛卡儿积,相对补运算($\cup, \cap, \oplus, \times, -$)为二类运算.

一类运算优先于二类运算;

二类运算优先于集合关系运算($=, \subseteq, \subset, \in$);

同时,上述集合运算优先于逻辑运算($\neg, \wedge, \vee, \rightarrow, \leftrightarrow, \Leftrightarrow, \Rightarrow$).

括号内优先于括号外的;同一层括号内,相同优先级的,一类运算之间按由右向左顺序进行;其他按从左到右的顺序进行.

9.4 集合的图形表示法

文氏图(Venn Diagram) 英国逻辑学家 J. Venn(1834—1923)于 1881 年在《符号逻辑》一书中,首先使用相交区域的图解来说明类与类之间的关系.后来人们以他的名字来命名这种用图形来表示集合间的关系和集合的基本运算的方法.其构造如下:用一个大的矩形表示全集的所有元素(有时为简单起见,可将全集省略).在矩形内画一些圆(或其他任何形状的闭曲线),用圆的内部的点表示相应集合的元素.不同的圆代表不同的集合.用阴影或斜线的区域表示新组成的集合.文氏图的优点是形象直观,易于理解.缺点是理论基础不够严谨.因此只能用于说明,不能用于证明.

9.5 集合运算的性质和证明

定理 9.5.1 集合恒等式 对任意的集合 A, B 和 C,下列恒等式成立:

(1) 交换律 $A \cup B = B \cup A$,

               $A \cap B = B \cap A$.

(2) 结合律 $(A \cup B) \cup C = A \cup (B \cup C)$,

$(A\cap B)\cap C = A\cap(B\cap C)$.

(3) 分配律 $A\cup(B\cap C)=(A\cup B)\cap(A\cup C)$,
$A\cap(B\cup C)=(A\cap B)\cup(A\cap C)$.

(4) 幂等律 $A\cup A=A$,
$A\cap A=A$.

(5) 吸收律 $A\cup(A\cap B)=A$,
$A\cap(A\cup B)=A$.

(6) 摩根律 $A-(B\cup C)=(A-B)\cap(A-C)$,
$A-(B\cap C)=(A-B)\cup(A-C)$,
$-(B\cup C)=-B\cap -C$,
$-(B\cap C)=-B\cup -C$.

(7) 同一律 $A\cup\varnothing=A$,
$A\cap E=A$.

(8) 零律 $A\cup E=E$,
$A\cap\varnothing=\varnothing$.

(9) 补余律 $A\cup -A=E$(排中律),
$A\cap -A=\varnothing$(矛盾律).

(10) 补律 $-\varnothing=E$,
$-E=\varnothing$.

(11) 双补律 $-(-A)=A$.

定理 9.5.2 差集的性质 对任意的集合 A,B 和 C,

(1) $A-B=A-(A\cap B)$.

(2) $A-B=A\cap -B$.

(3) $A\cup(B-A)=A\cup B$.

(4) $A\cap(B-C)=(A\cap B)-C$.

定理 9.5.3 对称差的性质 对任意的集合 A,B 和 C,

(1) 交换律 $A\oplus B=B\oplus A$.

(2) 结合律 $(A\oplus B)\oplus C=A\oplus(B\oplus C)$.

(3) 分配律 $A\cap(B\oplus C)=(A\cap B)\oplus(A\cap C)$.

(4) 同一律 $A\oplus\varnothing=A$.

(5) 零律 $A\oplus A=\varnothing$.

(6) 吸收律 $A\oplus(A\oplus B)=B$.

定理 9.5.4 集合间的 $\subseteq$ 关系的性质 对任意的集合 A,B,C 和 D,

(1) $A\subseteq B\Rightarrow(A\cup C)\subseteq(B\cup C)$.

(2) $A\subseteq B\Rightarrow(A\cap C)\subseteq(B\cap C)$.

(3) $(A\subseteq B)\wedge(C\subseteq D)\Rightarrow(A\cup C)\subseteq(B\cup D)$.

(4) $(A\subseteq B)\wedge(C\subseteq D)\Rightarrow(A\cap C)\subseteq(B\cap D)$.

(5) $(A\subseteq B)\wedge(C\subseteq D)\Rightarrow(A-D)\subseteq(B-C)$.

(6) $C\subseteq D\Rightarrow(A-D)\subseteq(A-C)$.

定理 9.5.5　幂集合的性质 1　对任意的集合 A 和 B，
(1) $A \subseteq B \Leftrightarrow P(A) \subseteq P(B)$.
(2) $A = B \Leftrightarrow P(A) = P(B)$.

定理 9.5.6　幂集合的性质 2　对任意的集合 A 和 B，
$$P(A) \in P(B) \Rightarrow A \in B$$

定理 9.5.7　幂集合的性质 3　对任意的集合 A 和 B，
(1) $P(A) \cap P(B) = P(A \cap B)$.
(2) $P(A) \cup P(B) \subseteq P(A \cup B)$.

定理 9.5.8　幂集合的性质 4　对任意的集合 A 和 B，
$$P(A - B) \subseteq (P(A) - P(B)) \cup \{\Phi\}.$$

定义 9.5.1　传递集合　如果集合 A 的任一元素的元素都是 A 的元素，就称 A 为传递集合. 该定义也可写成
$$A \text{ 是传递集合} \Leftrightarrow (\forall x)(\forall y)((x \in y \land y \in A) \rightarrow x \in A).$$

定理 9.5.9　传递集合的性质 1　对任意的集合 A，A 是传递集合 $\Leftrightarrow A \subseteq P(A)$.

定理 9.5.10　传递集合的性质 2　对任意的集合 A，A 是传递集合 $\Leftrightarrow P(A)$ 是传递集合.

定理 9.5.11　广义并和广义交的性质 1　对集合的集合 A 和 B，
(1) $A \subseteq B \Rightarrow \cup A \subseteq \cup B$,
(2) $A \subseteq B \Rightarrow \cap B \subseteq \cap A$.

定理 9.5.12　广义并和广义交的性质 2　对集合的集合 A 和 B，
(1) $\cup (A \cup B) = (\cup A) \cup (\cup B)$,
(2) $\cap (A \cup B) = (\cap A) \cap (\cap B)$,（其中 A 和 B 非空）.

定理 9.5.13　广义并和幂集运算的关系性质　对任意的集合 A，
$$\cup (P(A)) = A.$$

定理 9.5.14　传递集合的性质 3　若集合 A 是传递集合，则 $\cup A$ 是传递集合.

定理 9.5.15　传递集合的性质 4　若集合 A 的元素都是传递集合，则 $\cup A$ 是传递集合.

定理 9.5.16　传递集合的性质 5　若非空集合 A 是传递集合，则 $\cap A$ 是传递集合，且 $\cap A = \varnothing$.

定理 9.5.17　传递集合的性质 6　若非空集合 A 的元素都是传递集合，则 $\cap A$ 是传递集合.

定理 9.5.18　幂集的性质　若 A 是集合，$x \in A, y \in A$，则 $\langle x, y \rangle \in PP(A)$.（$PP(A)$ 表示 $P(P(A))$）.

定理 9.5.19　笛卡儿积与 $\cup, \cap$ 运算的性质　对任意的集合 A, B 和 C，
(1) $A \times (B \cup C) = (A \times B) \cup (A \times C)$.
(2) $A \times (B \cap C) = (A \times B) \cap (A \times C)$.
(3) $(B \cup C) \times A = (B \times A) \cup (C \times A)$.
(4) $(B \cap C) \times A = (B \times A) \cap (C \times A)$.

定理 9.5.20　笛卡儿积与 $\subseteq$ 运算的性质 1　对任意的集合 A, B 和 C，若 $C \neq \varnothing$，则

$$(A \subseteq B) \Leftrightarrow (A \times C \subseteq B \times C) \Leftrightarrow (C \times A \subseteq C \times B).$$

定理 9.5.21 笛卡儿积与 $\subseteq$ 运算的性质 2 对任意的集合 A,B,C 和 D.
$$(A \times B \subseteq C \times D) \Leftrightarrow (A \subseteq C \land B \subseteq D).$$

9.6 有限集合的基数

定义 9.6.1 有限集合的基数 如果存在 $n \in \mathbf{N}$,使集合 A 与集合 $\{x \mid x \in \mathbf{N} \land x < n\} = \{0,1,2,\cdots,n-1\}$ 的元素个数相同,就说集合 A 的基数是 n,记作 $|A|=n$ 或 $\operatorname{card}(A)=n$. 空集 $\varnothing$ 的基数是 0.

定义 9.6.2 有限集合 如果存在 $n \in \mathbf{N}$,使 n 是集合 A 的基数,就说 A 是有限集合. 如果不存在这样的 n,就说 A 是无限集合.

定理 9.6.1 幂集的基数 对有限集合 A,
$$|P(A)| = 2^{|A|}.$$

定理 9.6.2 笛卡儿积的基数 对有限集合 A 和 B,
$$|A \times B| = |A| \cdot |B|.$$

定理 9.6.3 基本运算的基数 对有限集合 A 和 B,
(1) $|A \cup B| \leqslant |A| + |B|$,
(2) $|A \cap B| \leqslant \min(|A|,|B|)$,
(3) $|A - B| \geqslant |A| - |B|$,
(4) $|A \oplus B| = |A| + |B| - 2|A \cap B|$.

定理 9.6.4 包含排除原理 对有限集合 A 和 B,
$$|A \cup B| = |A| + |B| - |A \cap B|.$$

该定理可推广到 n 个集合的情形. 若 $n \in \mathbf{N}$ 且 $n > 1, A_1, A_2, \cdots, A_n$ 是有限集合,则
$$|A_1 \cup A_2 \cup \cdots \cup A_n| = \sum_{1 \leqslant i \leqslant n} |A_i| - \sum_{1 \leqslant i < j \leqslant n} |A_i \cap A_j| + \sum_{1 \leqslant i < j < k \leqslant n} |A_i \cap A_j \cap A_k| + \cdots + (-1)^{n-1} |A_1 \cap A_2 \cap \cdots \cap A_n|$$

9.7 集合论公理系统

1. 集合论公理系统 集合论公理系统是一阶谓词公理系统的扩展,它包括一阶谓词公理系统和几个集合论公理. 集合论公理系统可以推出一阶谓词的所有定理,也可以推出集合论的概念和定理. 它从理论上防止了集合论中悖论的出现.

集合论公理系统的一个基本思想是"任一集合的所有元素都是集合". 集合论研究的对象只是集合. 除集合外的其他对象(如有序对、数字、字母)都要用集合定义.

2. ZF(Zermelo-Fraenkel)集合论公理系统 ZF 集合论公理系统由德国数学家 E. Zermelo 和 A. Fraenkel 提出,是一个非常著名的集合论公理系统. 它包括 10 条集合论公理,但并非彼此独立. 其中的无序对集合存在公理和子集公理模式可由其他公理推出.

(1) 外延公理 两集合相等的充要条件是它们恰好具有同样的元素.
$$(\forall x)(\forall y)(x = y \leftrightarrow (\forall z)(z \in x \leftrightarrow z \in y))$$

(2) 空集合存在公理 存在不含任何元素的集合(空集$\varnothing$).
$$(\exists x)(\forall y)(y \notin x)$$

(3) 无序对集合存在公理 对任意的集合 x 和 y,存在一个集合 z,它的元素恰好为 x 和 y.
$$(\forall x)(\forall y)(\exists z)(\forall u)(u \in z \leftrightarrow ((u=x) \lor (u=y)))$$

(4) 并集合公理 对任意的集合 x,存在一个集合 y,它的元素恰好为 x 的元素的元素.
$$(\forall x)(\exists y)(\forall z)(z \in y \leftrightarrow (\exists u)(z \in u \land u \in x))$$

(5) 子集公理模式(分离公理模式) 对任意的谓词公式 $P(z)$,对任意的集合 x,存在一个集合 y,它的元素 z 恰好既是 x 的元素又使 $P(z)$ 为真.
$$(\forall x)(\exists y)(\forall z)(z \in y \leftrightarrow (z \in x \land P(z)))$$

(6) 幂集合公理(集合的幂集是集合) 对任意的集合 x,存在一个集合 y,它的元素恰好是 x 的子集.
$$(\forall x)(\exists y)(\forall z)(z \in y \leftrightarrow (\forall u)(u \in z \to u \in x))$$

(7) 正则公理 对任意的非空集合 x,存在 x 的一个元素,它和 x 不相交.
$$(\forall x)(x \neq \varnothing \to (\exists y)(y \in x \land (x \cap y = \varnothing)))$$

(8) 无穷公理 存在一个由所有自然数组成的集合.
$$(\exists x)(\varnothing \in x \land (\forall y)(y \in x \to (y \cup \{y\}) \in x))$$

(9) 替换公理模式 对于任意的谓词公式 $P(x,y)$,如果对任意的 x 存在唯一的 y 使得 $P(x,y)$ 为真,那么对所有的集合 t 就存在一个集合 s,使 s 中的元素 y 恰好是 t 中元素 x 所对应的那些 y.
$$(\forall x)(\exists ! y)P(x,y) \to (\forall t)(\exists s)(\forall u)(u \in s \leftrightarrow (\exists z)(z \in t \land P(z,u)))$$

其中 $(\forall x)(\exists ! y)P(x,y)$ 表示 $(\forall x)(\exists y)(P(x,y) \land (\forall z)(P(x,z) \to z=y))$,符号 $(\exists ! y)$ 表示存在唯一的一个 y.

(10) 选择公理 对任意的关系 R,存在一个函数 F,F 是 R 的子集,而且 F 和 R 的定义域相等.
$$(\forall \text{ 关系 } R)(\exists \text{ 函数 } F)(F \subseteq R \land \text{dom}(R) = \text{dom}(F))$$

定理 9.7.1 交集存在定理 对任意的集合 A 和 B,交集 $A \cap B$ 是集合.

定理 9.7.2 差集存在定理 对任意的集合 A 和 B,差集 $A-B$ 是集合.

定理 9.7.3 广义交存在定理 对任意的非空集合 A,广义交 $\cap A$ 是集合.

定理 9.7.4 笛卡儿积存在定理 对任意的集合 A 和 B,笛卡儿积 $A \times B$ 是集合.

定理 9.7.5 万有集不存在定理 不存在集合 A,使任一集合都是 A 的元素.

定义 9.7.1 极小元 对任意的集合 A 和 B,当满足 $A \in B$ 且 $A \cap B = \varnothing$,就称 A 为 B 的一个极小元.

定理 9.7.6 集合的重要性质 1 对任意的集合 A,$A \notin A$.

定理 9.7.7 集合的重要性质 2 对任意的集合 A 和 B,有 $\neg(A \in B \land B \in A)$.

定理 9.7.8 传递集合的性质 7 对任意非空的传递集合 A,有 $\varnothing \in A$.

定义 9.7.2 奇异集合 如果集合 A 中有集合的序列 $A_0 \in A, A_1 \in A, \cdots, A_n \in A, \cdots$,使得满足 $\cdots \in A_{n+1} \in A_n \in A_{n-1} \in \cdots \in A_2 \in A_1 \in A_0$,就称 A 为奇异集合.

定理 9.7.9　奇异集合的性质 1　奇异集合不满足正则公理.

定理 9.7.10　奇异集合的性质 2　若非空集合 A 不是奇异集合,则 A 满足正则公理.

定义 9.7.3　前驱与后继　对任意的集合 A,定义集合 $A^+ = A \cup \{A\}$,把 A^+ 称为 A 的后继,A 称为 A^+ 的前驱.

定义 9.7.4　用后继定义自然数　集合 $0 = \varnothing$ 是一个自然数.若集合 n 是一个自然数,则集合 $n+1 = n^+$ 也是一个自然数.

定义 9.7.5　自然数的性质 1　对任意的自然数 m 和 n,
$$m < n \Leftrightarrow m \subset n \Leftrightarrow n > m,$$
$$m \leqslant n \Leftrightarrow m \subseteq n \Leftrightarrow n \geqslant m.$$

定义 9.7.6　集合的三岐性　对集合 A,如果对任意的集合 $A_1 \in A$ 和 $A_2 \in A$,使
$$A_1 \in A_2, A_1 = A_2, A_2 \in A_1$$
三式中恰好有一个成立,就称集合 A 有三岐性.

定理 9.7.11　自然数的三岐性　集合 $\mathbf{N}$ 有三岐性.每个自然数都有三岐性.即
$$(\forall m)(\forall n)(m \in \mathbf{N} \wedge n \in \mathbf{N} \to m < n \vee m = n \vee m > n)$$

第 10 章 关 系

10.1 二元关系

1. 二元关系(有序对的集合) 如果一个集合满足以下条件之一：
(1) 集合非空,且它的元素都是有序对(见 9.3 节中"1. 有序对");
(2) 集合是空集.
则称该集合为一个二元关系,记作 R. 二元关系也简称关系. 对于二元关系 R,如果 $\langle x,y \rangle \in R$,也可记作 xRy.

定义 10.1.1 A 到 B 的二元关系 设 A,B 为集合,$A \times B$ 的任一子集所定义的二元关系称为 A 到 B 的二元关系. 特别当 $A=B$ 时,$A \times A$ 的任一子集称为 A 上的一个二元关系.

定义 10.1.2 n 元关系(n 元组的集合) 若 $n \in \mathbf{N}$ 且 $n>1$,$A_1,A_2,\cdots,A_n$ 是 n 个集合,则 $A_1 \times A_2 \times \cdots \times A_n$ 的任一子集称为从 A_1 到 A_n 上的一个 n 元关系.

2. 集合族上的包含关系与真包含关系 设 A 是集合族,A 上的包含关系可定义为：
$$R_{\subseteq} = \{\langle x,y \rangle \mid x,y \in A \land x \subseteq y\}$$
A 上的真包含关系可定义为：
$$R_{\subset} = \{\langle x,y \rangle \mid x,y \in A \land x \subset y\}$$
例如,对任意的集合 A,则 A 的幂集 $P(A)$ 上的包含关系可定义为：
$$R_{\subseteq} = \{\langle x,y \rangle \mid x \in P(A) \land y \in P(A) \land x \subseteq y\}$$

定义 10.1.3 三个特殊的关系——恒等关系、全域关系和空关系 对任意的集合 A,
(1) A 上的恒等关系 I_A 定义为
$$I_A = \{\langle x,x \rangle \mid x \in A\}$$
(2) A 上的全域关系(全关系)E_A 定义为
$$E_A = \{\langle x,y \rangle \mid x \in A \land y \in A\}$$
(3) 空集 $\varnothing$ 是 $A \times A$ 的子集,定义为 A 上的空关系.

定义 10.1.4 定义域和值域 设 R 是 A 到 B 的二元关系
(1) R 中所有有序对的第 1 元素构成的集合称为 R 的定义域,记作 $\mathrm{dom}(R)$. 形式化表示为 $\mathrm{dom}(R) = \{x \mid (\exists y)(\langle x,y \rangle \in R)\}$
(2) R 中所有有序对的第 2 元素构成的集合称为 R 的值域,记作 $\mathrm{ran}(R)$. 形式化表示为 $\mathrm{ran}(R) = \{y \mid (\exists x)(\langle x,y \rangle \in R)\}$
(3) R 的定义域和值域的并集称为 R 的域,记作 $\mathrm{fld}(R)$. 形式化表示为
$$\mathrm{fld}(R) = \mathrm{dom}(R) \cup \mathrm{ran}(R)$$

10.2 关系矩阵和关系图

定义 10.2.1 关系矩阵 设集合 $X = \{x_1, x_2, \cdots, x_m\}$,$Y = \{y_1, y_2, \cdots, y_n\}$,若 R 是 X

到 Y 的一个关系. 则 R 的关系矩阵是 $m \times n$ 矩阵, 矩阵元素是 r_{ij}.

$$M(R) = (r_{ij})_{m \times n}$$

$$r_{ij} = \begin{cases} 1 & \text{当} \langle x_i, y_j \rangle \in R \\ 0 & \text{当} \langle x_i, y_j \rangle \notin R \end{cases} \quad (1 \leq i \leq m, 1 \leq j \leq n)$$

若 R 是 X 上的一个关系,则 R 的关系矩阵是 $m \times m$ 方阵,定义与上述类似.

定义 10.2.2 关系图 设集合 $X = \{x_1, x_2, \cdots, x_m\}$, $Y = \{y_1, y_2, \cdots, y_n\}$.

(1) 若 R 是 X 到 Y 的一个关系,则 R 的关系图是一个有向图 $G(R) = \langle V, E \rangle$. 它的顶点集是 $V = X \cup Y$, 边集是 E, 从 x_i 到 y_j 的有向边 $e_{ij} \in E$, 当且仅当 $\langle x_i, y_j \rangle \in R$.

(2) 若 R 是 X 上的一个关系,则 R 的关系图是上述情形的特例.

10.3 关系的逆、合成、限制和象

定义 10.3.1 关系的逆、合成、限制和象 对 X 到 Y 的关系 R, Y 到 Z 的关系 S, 定义
(1) R 的逆 R^{-1} 为 Y 到 X 的关系

$$R^{-1} = \{\langle x, y \rangle \mid \langle y, x \rangle \in R\}$$

(2) R 与 S 的合成 $S \circ R$ (有些书中称之为关系的左复合)为 X 到 Z 的关系

$$S \circ R = \{\langle x, y \rangle \mid (\exists z)(\langle x, z \rangle \in R \land \langle z, y \rangle \in S)\}$$

(3) 对任意的集合 A, 定义 R 在 A 上的限制 $R \upharpoonright A$ 为 A 到 Y 的关系

$$R \upharpoonright A = \{\langle x, y \rangle \mid \langle x, y \rangle \in R \land x \in A\}$$

(4) A 在 R 下的象 $R[A]$ 为集合

$$R[A] = \{y \mid (\exists x)(x \in A \land \langle x, y \rangle \in R)\}$$

$S \circ R$ 的关系矩阵 设 A 是有限集合, $|A| = n$. 关系 R 和 S 都是 A 上的关系, R 和 S 的关系矩阵

$$M(R) = [r_{ij}] \text{ 和 } M(S) = [s_{ij}]$$

都是 $n \times n$ 的方阵. 于是 R 与 S 的合成 $S \circ R$ 的关系矩阵

$$M(S \circ R) = (w_{ij})_{n \times n}$$

可以用下述的矩阵逻辑乘计算(类似于矩阵乘法). 记作

$$M(S \circ R) = M(R) \cdot M(S)$$

其中

$$w_{ij} = \bigvee_{k=1}^{n} (r_{ik} \land s_{kj})$$

定理 10.3.1 关系 R 的逆关系的性质 对 X 到 Y 的关系 R 和 Y 到 Z 的关系 S, 有
(1) $\text{dom}(R^{-1}) = \text{ran}(R)$
(2) $\text{ran}(R^{-1}) = \text{dom}(R)$
(3) $(R^{-1})^{-1} = R$
(4) $(S \circ R)^{-1} = R^{-1} \circ S^{-1}$

定理 10.3.2 关系的合成的结合律 对 X 到 Y 的关系 Q, Y 到 Z 的关系 S, Z 到 W 的关系 R, 有

$$(R \circ S) \circ Q = R \circ (S \circ Q)$$

定理 10.3.3 关系的合成的其他性质 对 X 到 Y 的关系 R_2, R_3, Y 到 Z 的关系 R_1, 有

(1) $R_1 \circ (R_2 \cup R_3) = R_1 \circ R_2 \cup R_1 \circ R_3$
(2) $R_1 \circ (R_2 \cap R_3) \subseteq R_1 \circ R_2 \cap R_1 \circ R_3$
对 X 到 Y 的关系 R_3,Y 到 Z 的关系 R_1,R_2,有
(3) $(R_1 \cup R_2) \circ R_3 = R_1 \circ R_3 \cup R_2 \circ R_3$
(4) $(R_1 \cap R_2) \circ R_3 \subseteq R_1 \circ R_3 \cap R_2 \circ R_3$
(注意,规定关系合成运算符优先于集合运算符)

定理 10.3.4　集合在关系下的象的性质　对 X 到 Y 的关系 R 和集合 A,B,有
(1) $R[A \cup B] = R[A] \cup R[B]$
(2) $R[\cup A] = \cup \{R[B] | B \in A\}$
(3) $R[A \cap B] \subseteq R[A] \cap R[B]$
(4) $R[\cap A] \subseteq \cap \{R[B] | B \in A\}$　$A \neq \varnothing$
(5) $R[A] - R[B] \subseteq R[A-B]$

10.4　关系的性质

定义 10.4.1　自反性与非自反性　设 R 为集合 A 上的关系,则
R 在 A 上是自反的 $\Leftrightarrow (\forall x)(x \in A \rightarrow \langle x,x \rangle \in R)$
R 在 A 上是非自反的 $\Leftrightarrow (\forall x)(x \in A \rightarrow \langle x,x \rangle \notin R)$

定义 10.4.2　对称性与反对称性　设 R 为集合 A 上的关系,则
R 在 A 上是对称的 $\Leftrightarrow (\forall x)(\forall y)((x \in A \wedge y \in A \wedge \langle x,y \rangle \in R) \rightarrow \langle y,x \rangle \in R)$
R 在 A 上是反对称的 $\Leftrightarrow$
　　$(\forall x)(\forall y)((x \in A \wedge y \in A \wedge \langle x,y \rangle \in R \wedge \langle y,x \rangle \in R) \rightarrow x=y)$
反对称性的另一种等价的定义为
R 在 A 上是反对称的 $\Leftrightarrow$
　　$(\forall x)(\forall y)((x \in A \wedge y \in A \wedge \langle x,y \rangle \in R \wedge x \neq y) \rightarrow \langle y,x \rangle \notin R)$

定义 10.4.3　传递性　设 R 为集合 A 上的关系,则
R 在 A 上是传递的 $\Leftrightarrow (\forall x)(\forall y)(\forall z)$
　　$((x \in A \wedge y \in A \wedge z \in A \wedge \langle x,y \rangle \in R \wedge \langle y,z \rangle \in R) \rightarrow \langle x,z \rangle \in R)$

定理 10.4.1　几个特殊关系的自反性　设 R_1,R_2 是 A 上的自反关系,则 $R_1^{-1}, R_1 \cap R_2, R_1 \cup R_2$ 也是 A 上的自反关系.

定理 10.4.2　几个特殊关系的对称性　设 R_1,R_2 是 A 上的对称关系,则 $R_1^{-1}, R_1 \cap R_2, R_1 \cup R_2$ 也是 A 上的对称关系.

定理 10.4.3　几个特殊关系的传递性　设 R_1,R_2 是 A 上的传递关系,则 $R_1^{-1}, R_1 \cap R_2$ 是 A 上的传递关系.但 $R_1 \cup R_2$ 不一定是传递的.

定理 10.4.4　几个特殊关系的反对称性　设 R_1,R_2 是 A 上的传递关系,则 $R_1^{-1}, R_1 \cap R_2$ 是 A 上的反对称关系.但 $R_1 \cup R_2$ 不一定是反对称的.

定理 10.4.5　对称性与反对称性的两个性质　设 R 是 A 上的关系,则
(1) R 是对称的 $\Leftrightarrow R = R^{-1}$,
(2) R 是反对称的 $R \cap R^{-1} \subseteq I_A$.

10.5 关系的闭包

定义 10.5.1 多个关系的合成 设 R 为 A 上的关系，$n \in \mathbf{N}$，关系 R 的 n 次幂定义为：
(1) $R^0 = \{\langle x, x \rangle | x \in A\} = I_A$，
(2) $R^{n+1} = R^n \circ R$ $(n \geq 0)$.

定理 10.5.1 有限集合上只有有限个不同的二元关系 设 A 是有限集合，$|A| = n$，R 是 A 上的关系，则存在自然数 s 和 t，$s \neq t$ 使得 $R^s = R^t$.

定理 10.5.2 有限集合上关系的合成 设 A 是有限集合，R 是 A 上的关系，m 和 n 是非零自然数，则
(1) $R^m \circ R^n = R^{m+n}$，
(2) $(R^m)^n = R^{mn}$.

定理 10.5.3 有限集合上关系的幂序列具有周期性 设 A 是有限集合，R 是 A 上的关系，若存在自然数 s 和 t，$s < t$，使得 $R^s = R^t$，则
(1) $R^{s+k} = R^{t+k}$，其中 $k \in \mathbf{N}$；
(2) $R^{s+kp+i} = R^{s+i}$，其中 $k, i \in \mathbf{N}$，$p = t - s$；
(3) 令 $B = \{R^0, R^1, \cdots, R^{t-1}\}$，则 R 的各次幂均为 B 的元素，即对任意的 $q \in \mathbf{N}$，有 $R^q \in B$.

定义 10.5.2 闭包的定义 设 R 是非空集合 A 上的关系，如果 A 上有另一个关系 R' 满足：
(1) R' 是自反的(对称的，传递的)，
(2) $R \subseteq R'$，
(3) 对 A 上任何自反的(对称的，传递的)关系 R''，$R' \subseteq R''$.

则称关系 R' 为 R 的自反(对称，传递)闭包.

一般将 R 的自反闭包记作 $r(R)$，对称闭包记作 $s(R)$，传递闭包记作 $t(R)$. 它们分别是具有自反性(对称性，传递性)的 R 的"最小"超集合.

定理 10.5.4 闭包的性质 1 对非空集合 A 上的关系 R，有
(1) R 是自反的 $\Leftrightarrow r(R) = R$，
(2) R 是对称的 $\Leftrightarrow s(R) = R$，
(3) R 是传递的 $\Leftrightarrow t(R) = R$.

定理 10.5.5 闭包的性质 2 对非空集合 A 上的关系 R_1, R_2，若 $R_1 \subseteq R_2$，则
(1) $r(R_1) \subseteq r(R_2)$，
(2) $s(R_1) \subseteq s(R_2)$，
(3) $t(R_1) \subseteq t(R_2)$.

定理 10.5.6 闭包的性质 3 对非空集合 A 上的关系 R_1, R_2，
(1) $r(R_1) \cup r(R_2) = r(R_1 \cup R_2)$，
(2) $s(R_1) \cup s(R_2) = s(R_1 \cup R_2)$，
(3) $t(R_1) \cup t(R_2) \subseteq t(R_1 \cup R_2)$.

定理 10.5.7 自反闭包的构造方法 对非空集合 A 上的关系 R，有

$$r(R) = R \cup R^0.$$

定理 10.5.8 **对称闭包的构造方法** 对非空集合 A 上的关系 R，有
$$s(R) = R \cup R^{-1}.$$

定理 10.5.9 **传递闭包的构造方法** 对非空集合 A 上的关系 R，有
$$t(R) = R \cup R^2 \cup R^3 \cup \cdots.$$

定理 10.5.10 **传递闭包的有限构造方法** A 为非空有限集合，$|A|=n$，R 是 A 上的关系，则存在正整数 $k \leqslant n$，使得
$$t(R) = R^+ = R \cup R^2 \cup \cdots \cup R^k.$$

定理 10.5.11 **闭包同时具有的多种性质 1** 对非空集合 A 上的关系 R，有
(1) 若 R 是自反的，则 $s(R)$ 和 $t(R)$ 是自反的，
(2) 若 R 是对称的，则 $r(R)$ 和 $t(R)$ 是对称的，
(3) 若 R 是传递的，则 $r(R)$ 是传递的.

定理 10.5.12 **闭包同时具有的多种性质 2** 对非空集合 A 上的关系 R，有
(1) $rs(R) = sr(R)$，
(2) $rt(R) = tr(R)$，
(3) $st(R) \subseteq ts(R)$.
其中 $rs(R) = r(s(R))$，其他类似.

10.6 等价关系和划分

定义 10.6.1 **等价关系** 设 R 为非空集合 A 上的关系，如果 R 是自反的、对称的和传递的，则称 R 为 A 上的等价关系.

定义 10.6.2 **等价类** 设 R 为非空集合 A 上的等价关系，对任意的 $x \in A$，令
$$[x]_R = \{y \mid y \in A \land xRy\}$$
称集合 $[x]_R$ 为 x 关于 R 的等价类，简称 x 的等价类，也可简记作 $[x]$ 或 $\bar{x}$.

定理 10.6.1 **等价类的性质** R 是非空集合 A 上的等价关系，对任意的 $x, y \in A$，有
(1) $[x]_R \neq \varnothing$ 且 $[x]_R \subseteq A$，即，$[x]_R$ 是 A 的非空子集，
(2) 若 xRy，则 $[x]_R = [y]_R$，
(3) 若 $\langle x, y \rangle \notin R$，则 $[x]_R \cap [y]_R = \varnothing$，
(4) $\cup \{[x] \mid x \in A\} = A$.

定义 10.6.3 **商集** 设 R 为非空集合 A 上的关系，以 R 的不相交的等价类为元素的集合称为 A 的商集，记作 A/R. 即
$$A/R = \{[x]_R \mid x \in A\}.$$

定义 10.6.4 **划分** 设 A 为非空集合，若存在 A 的非空子集构成的集合 π 满足下列条件：
(1) $(\forall x)(x \in \pi \rightarrow x \subseteq A)$，
(2) $\varnothing \notin \pi$，
(3) $\cup \pi = A$，
(4) $(\forall x)(\forall y)((x \in \pi \land y \in \pi \land x \neq y) \rightarrow x \cap y = \varnothing)$

则称 π 为 A 的一个划分,称 π 中的元素为 A 的划分块.

定理 10.6.2 等价关系 R 诱导出的 A 的划分 对非空集合 A 上的等价关系 R,A 的商集 A/R 就是 A 的划分,称为由等价关系 R 诱导出的 A 的划分,记作 π_R.

定理 10.6.3 划分 π 诱导出的 A 上的等价关系 对非空集合 A 上的一个划分 π,令 A 上的关系 R_π 为
$$R_\pi = \{\langle x,y \rangle \mid (\exists z)(z \in \pi \wedge x \in z \wedge y \in z)\}$$
则 R_π 为 A 上的等价关系,它称为划分 π 诱导出的 A 上的等价关系.

定理 10.6.4 划分 π 和 A 上的等价关系 R 对非空集合 A 上的一个划分 π 和 A 上的等价关系 R,π 诱导 R 当且仅当 R 诱导 π.

10.7 相容关系和覆盖

定义 10.7.1 相容关系 对非空集合 A 上的关系 R,如果 R 是自反的、对称的,则称 R 为 A 上的相容关系.

定义 10.7.2 相容类 对非空集合 A 上的相容关系 R,若 $C \subseteq A$,且 C 中任意两个元素 x 和 y 有 xRy,则称 C 是由相容关系 R 产生的相容类,简称相容类.

这个定义也可以写成
$$C = \{x \mid x \in A \wedge (\forall y)(y \in C \rightarrow xRy)\}.$$

定义 10.7.3 最大相容类 对非空集合 A 上的相容关系 R,一个相容类若不是任何相容类的真子集,就称为最大相容类,记作 C_R.

最大相容类 C_R 有下列性质:
$$(\forall x)(\forall y)((x \in C_R \wedge y \in C_R) \rightarrow xRy)$$
和
$$(\forall x)(x \in A - C_R \rightarrow (\exists y)(y \in C_R \wedge xRy)).$$

定理 10.7.1 最大相容类的存在性 对非空有限集合 A 上的相容关系 R,若 C 是一个相容类,则存在一个最大相容类 C_R,使 $C \subseteq C_R$.

定义 10.7.4 覆盖 对非空集合 A,若存在集合 Ω 满足下列条件:

(1) $(\forall x)(x \in \Omega \rightarrow x \subseteq A)$,

(2) $\varnothing \notin \Omega$,

(3) $\bigcup \Omega = A$,

则称 Ω 为 A 的一个覆盖,称 Ω 中的元素为 Ω 的覆盖块.

定理 10.7.2 完全覆盖 对非空集合 A 上的相容关系 R,最大相容类的集合是 A 的一个覆盖,称为 A 的完全覆盖,记作 $C_R(A)$.而且 $C_R(A)$ 是唯一的.

定理 10.7.3 覆盖与相容关系 对非空集合 A 的一个覆盖 $\Omega = \{A_1, A_2, \cdots, A_n\}$,由 Ω 确定的关系
$$R = A_1 \times A_1 \cup A_2 \times A_2 \cup \cdots \cup A_n \times A_n$$ 是 A 上的相容关系.

10.8 偏序关系

定义 10.8.1 偏序关系 拟序关系 对非空集合 A 上的关系 R,如果 R 是自反的、反对

称的和传递的,则称 R 为 A 上的偏序关系.

在不会产生误解时,偏序关系 R 通常记作 $\leqslant$. 当 xRy 时,可记作 $x\leqslant y$,读作 x"小于等于"y. 偏序关系又称弱偏序关系,或半序关系.

定义 10.8.2 拟序关系 强偏序关系 对非空集合 A 上的关系 R,如果 R 是非自反的和传递的,则称 R 为 A 上的拟序关系.

在不会产生误解时,拟序关系 R 通常记作 $<$. 当 xRy 时,可记作 $x<y$,读作 x"小于"y. 拟序关系又称强偏序关系.

定理 10.8.1 R 为 A 上的拟序关系,则 R 是反对称的.

定理 10.8.2 对 A 上的拟序关系 R,$R \cup R^0$ 是 A 上的偏序关系.

定理 10.8.3 对 A 上的偏序关系 R,$R - R^0$ 是 A 上的拟序关系.

定义 10.8.3 偏序集 集合 A 与 A 上的关系 R 一起称为一个结构. 集合 A 与 A 上的偏序关系 R 一起称为一个偏序结构,或称偏序集,并记作 $\langle A, R \rangle$.

定义 10.8.4 盖住关系 对偏序集 $\langle A, \leqslant \rangle$,如果 $x, y \in A, x \leqslant y, x \neq y$,且不存在元素 $z \in A$ 使得 $x \leqslant z$ 且 $z \leqslant y$,则称 y 盖住 x. A 上的盖住关系 $\text{cov}A$ 定义为
$$\text{cov}A = \{\langle x, y \rangle \mid x \in A \wedge y \in A \wedge y \text{ 盖住 } x\}.$$

定义 10.8.5 最小元 最大元 极小元 极大元 对偏序集 $\langle A, \leqslant \rangle$,且 $B \subseteq A$,

(1) 若 $(\exists y)(y \in B \wedge (\forall x)(x \in B \to y \leqslant x))$,则称 y 为 B 的最小元;

(2) 若 $(\exists y)(y \in B \wedge (\forall x)(x \in B \to x \leqslant y))$,则称 y 为 B 的最大元;

(3) 若 $(\exists y)(y \in B \wedge (\forall x)((x \in B \wedge x \leqslant y) \to x = y))$,则称 y 为 B 的极小元;

(4) 若 $(\exists y)(y \in B \wedge (\forall x)((x \in B \wedge y \leqslant x) \to x = y))$,则称 y 为 B 的极大元.

定义 10.8.6 上界 下界 上确界 下确界 对偏序集 $\langle A, \leqslant \rangle$,且 $B \subseteq A$,

(1) 若 $(\exists y)(y \in A \wedge (\forall x)(x \in B \to x \leqslant y))$,则称 y 为 B 的上界;

(2) 若 $(\exists y)(y \in A \wedge (\forall x)(x \in B \to y \leqslant x))$,则称 y 为 B 的下界;

(3) 若集合 $C = \{y \mid y \text{ 是 } B \text{ 的上界}\}$,则 C 的最小元称为 B 的上确界或最小上界;

(4) 若集合 $C = \{y \mid y \text{ 是 } B \text{ 的下界}\}$,则 C 的最大元称为 B 的下确界或最大下界.

定义 10.8.7 可比 对偏序集 $\langle A, \leqslant \rangle$,对任意的 $x, y \in A$,若 $x \leqslant y$ 或 $y \leqslant x$,则称 x 和 y 是可比的.

定义 10.8.8 全序关系与全序集 对偏序集 $\langle A, \leqslant \rangle$,如果对任意的 $x, y \in A$,x 和 y 都可比,则称 $\leqslant$ 为 A 上的全序关系,或称线序关系. 并称 $\langle A, \leqslant \rangle$ 为全序集.

定义 10.8.9 链 反链 对偏序集 $\langle A, \leqslant \rangle$,且 $B \subseteq A$,

(1) 如果对任意的 $x, y \in B$,x 和 y 都是可比的,则称 B 为 A 上的链,B 中元素个数称为链的长度.

(2) 如果对任意的 $x, y \in B$,x 和 y 都不是可比的,则称 B 为 A 上的反链,B 中元素个数称为反链的长度.

定理 10.8.4 偏序集的分解定理 对偏序集 $\langle A, \leqslant \rangle$,设 A 中最长链的长度是 n,则将 A 中元素分成不相交的反链,反链个数至少是 n.

定理 10.8.5 对偏序集 $\langle A, \leqslant \rangle$,若 A 中元素为 $mn+1$,则 A 中或者存在一条长度为 $m+1$ 的反链,或者存在一条长度为 $n+1$ 的链.

定义 10.8.10 良序关系与良序集 对偏序集 $\langle A, \leqslant \rangle$,如果 A 的任何非空子集都有最

小元,则称≼为良序关系,称⟨A,≼⟩为良序集.

定理 10.8.6 一个良序集一定是全序集.

定理 10.8.7 一个有限的全序集一定是良序集.

定理 10.8.8 (良序定理)任意的集合都是可以良序化的.

定义 10.8.11 (闭区间,开区间)在全序集⟨**R**,≼⟩上,对于 $a,b \in \mathbf{R}, a \neq b, a \leqslant b$,

(1) $[a,b] = \{x \mid x \in \mathbf{R} \wedge a \leqslant x \leqslant b\}$,称为从 a 到 b 的闭区间;

(2) $(a,b) = \{x \mid x \in \mathbf{R} \wedge a \leqslant x \leqslant b \wedge x \neq a \wedge x \neq b\}$,称为从 a 到 b 的开区间;

(3) $[a,b) = \{x \mid x \in \mathbf{R} \wedge a \leqslant x \leqslant b \wedge x \neq b\}$

$(a,b] = \{x \mid x \in \mathbf{R} \wedge a \leqslant x \leqslant b \wedge x \neq a\}$

都称为从 a 到 b 的半开区间;

(4) 还可以定义下列区间

$$(-\infty, a] = \{x \mid x \in \mathbf{R} \wedge x \leqslant a\},$$
$$(-\infty, a) = \{x \mid x \in \mathbf{R} \wedge x \leqslant a \wedge x \neq a\},$$
$$[a, \infty) = \{x \mid x \in \mathbf{R} \wedge a \leqslant x\},$$
$$(a, \infty) = \{x \mid x \in \mathbf{R} \wedge a \leqslant x \wedge x \neq a\},$$
$$(-\infty, \infty) = \mathbf{R}.$$

第11章 函　　数

11.1　函数和选择公理

定义 11.1.1　函数　对集合 A 到集合 B 的关系 f,若满足下列条件:
(1) 对任意的 $x \in \mathrm{dom}(f)$,存在唯一的 $y \in \mathrm{ran}(f)$,使 xfy 成立;
(2) $\mathrm{dom}(f) = A$
则称 f 为从 A 到 B 的函数,或称 f 把 A 映射到 B(有的书称 f 为全函数、映射、变换). 一个从 A 到 B 的函数 f,可以写成 $f:A \to B$. 这时若 xfy,则可记作 $f:x \mapsto y$ 或 $f(x) = y$.

函数的两个条件可以写成
(1) $(\forall x)(\forall y_1)(\forall y_2)((xfy_1 \wedge xfy_2) \to y_1 = y_2)$,
(2) $(\forall x)(x \in A \to (\exists y)(y \in B \wedge xfy))$.

定义 11.1.2　从 A 到 B 的所有函数的集合 A_B　对集合 A 和 B,从 A 到 B 的所有函数的集合记为 A_B(有的书记为 B^A). 于是,$A_B = \{f \mid f:A \to B\}$.

若 A 和 B 是有限集合,且 $|A| = m$,$|B| = n$,则 $|A_B| = n^m$.

定义 11.1.3　函数的象　设 $f:A \to B$,$A_1 \subseteq A$,定义 A_1 在 f 下的象 $f[A_1]$ 为
$$f[A_1] = \{y \mid (\exists x)(x \in A_1 \wedge y = f(x))\}$$
把 $f[A]$ 称为函数的象.

设 $B_1 \subseteq B$,定义 B_1 在 f 下的完全原象 $f^{-1}[B_1]$ 为
$$f^{-1}[B_1] = \{x \mid x \in A \wedge f(x) \in B_1\}$$

定义 11.1.4　满射　单射　双射　设 $f:A \to B$,
(1) 若 $\mathrm{ran}(f) = B$,则称 f 是满射的,或称 f 是 A 到 B 上的;
(2) 若对任意的 $x_1, x_2 \in A$,$x_1 \ne x_2$,都有
　　$f(x_1) \ne f(x_2)$,则称 f 是单射的,或内射的,或一对一的;
(3) 若 f 是满射的又是单射的,则称 f 是双射的,或一对一 A 到 B 上的. 简称双射.

定义 11.1.5　常函数　设 $f:A \to B$,如果存在一个 $y \in B$,使得对所有的 $x \in A$,有 $f(x) = y$,即有 $f[A] = \{y\}$,则称 $f:A \to B$ 为常函数.

定义 11.1.6　恒等函数　A 上的恒等关系 $I_A:A \to A$ 称为恒等函数. 于是,对任意的 $x \in A$,有 $I_A(x) = x$.

定义 11.1.7　单调函数　对实数集 $\mathbf{R}$,设 $f:\mathbf{R} \to \mathbf{R}$,如果 $(x \leqslant y) \to (f(x) \leqslant f(y))$,则称 f 为单调递增的;如果 $(x < y) \to (f(x) < f(y))$,则称 f 为严格单调递增的. 类似可定义单调递减和严格单调递减的函数.

定义 11.1.8　n 元运算　对集合 A,$n \in \mathbf{N}$,把函数 $f:A^n \to A$ 称为 A 上的 n 元运算.

定义 11.1.9　泛函　设 A, B, C 是集合,B_C 为从 B 到 C 的所有函数的集合,则 $F:A \to B_C$ 称为一个泛函(有时将 $G:B_C \to A$ 称为一个泛函).

定义 11.1.10　特征函数　设 E 是全集，对任意的 $A \subseteq E$，A 的特征函数 χ_A 定义为：
$$\chi_A : E \to \{0, 1\}, \quad \chi_A(a) = \begin{cases} 1 & a \in A, \\ 0 & a \notin A. \end{cases}$$

定义 11.1.11　典型映射或自然映射　设 R 是 A 上的等价关系，令 $g: A \to A/R$，$g(a) = [a]_R$，则称 g 为从 A 到商集 A/R 的典型映射或自然映射.

选择公理（形式 1）　对任意的关系 R，存在函数 f，使得
$$f \subseteq R \text{ 且 } \mathrm{dom}(f) = \mathrm{dom}(R).$$

11.2　函数的合成与函数的逆

定理 11.2.1　函数的合成　设 $g: A \to B$，$f: B \to C$，则
(1) $f \circ g$ 是函数 $f \circ g : A \to C$，
(2) 对任意的 $x \in A$，有 $(f \circ g)(x) = f(g(x))$.

定理 11.2.2　函数的合成的性质 1　设 $g: A \to B$，$f: B \to C$，
(1) 若 f, g 是满射的，则 $f \circ g$ 是满射的，
(2) 若 f, g 是单射的，则 $f \circ g$ 是单射的，
(3) 若 f, g 是双射的，则 $f \circ g$ 是双射的.

定理 11.2.3　函数的合成的性质 2　设 $g: A \to B$，$f: B \to C$，
(1) 若 $f \circ g$ 是满射的，则 f 是满射的，
(2) 若 $f \circ g$ 是单射的，则 g 是单射的，
(3) 若 $f \circ g$ 是双射的，则 f 是满射的，g 是单射的.

定理 11.2.4　设 $f: A \to B$，则 $f = f \circ I_A = I_B \circ f$.

定理 11.2.5　函数的逆　若 $f: A \to B$ 是双射的，则 f^{-1} 是函数 $f^{-1}: B \to A$.

定义 11.2.1　反函数　设 $f: A \to B$ 是双射的，则称 $f^{-1}: B \to A$ 为 f 的反函数.

定理 11.2.6　若 $f: A \to B$ 是双射的，则 $f^{-1}: B \to A$ 是双射的.

定理 11.2.7　若 $f: A \to B$ 是双射的，则对任意的 $x \in A$，有 $f^{-1}(f(x)) = x$，对任意的 $y \in B$，有 $f(f^{-1}(y)) = y$.

定义 11.2.2　函数的左逆和右逆　设 $f: A \to B$，$g: B \to A$，如果 $g \circ f = I_A$，则称 g 为 f 的左逆；如果 $f \circ g = I_B$，则称 g 为 f 的右逆.

定理 11.2.8　设 $f: A \to B$，$A \neq \phi$，则
(1) f 存在左逆，当且仅当 f 是单射；
(2) f 存在右逆，当且仅当 f 是满射的；
(3) f 存在左逆又存在右逆，当且仅当 f 是双射的；
(4) 若 f 是双射的，则 f 的左逆等于右逆.

11.3　函数的性质

定义 11.3.1　函数的相容性　设 $f: A \to B$，$g: C \to D$，如果对任意的 $x \in A \cap C$，都有 $f(x) = g(x)$，就说 f 和 g 是相容的.

定义 11.3.2　函数集的相容性　设 C 是由一些函数组成的集合,如果 C 中任意两个函数 f 和 g 都是相容的,就说 C 是相容的.

定理 11.3.1　设 $f:A\to B, g:C\to D$,则 f 和 g 是相容的当且仅当 $f\cup g$ 是函数.

定理 11.3.2　设 $f:A\to B, g:C\to D$,则 f 与 g 是相容的当且仅当
$$f\upharpoonright(A\cap C)=g\upharpoonright(A\cap C).$$

定理 11.3.3　对函数的集合 C,若 C 是相容的,且 $F=\cup C$,则 F 是函数 $F:$
$\mathrm{dom}(F)\to\mathrm{ran}(F)$,且
$$\mathrm{dom}(F)=\cup\{\mathrm{dom}(f)\mid f\in C\}.$$

定义 11.3.3　关系与函数的相容性　设 R 是 A 上的等价关系,且 $f:A\to A$,如果对任意的 $x,y\in A$,有 $\langle x,y\rangle\in R \Rightarrow \langle f(x),f(y)\rangle\in R$,则称关系 R 与函数 f 是相容的.

定理 11.3.4　设 R 是 A 上的等价关系,且 $f:A\to A$,如果 R 与 f 是相容的,则存在唯一的函数 $F:A/R\to A/R$,使 $F([x]_R)=[f(x)]_R$;如果 R 与 f 不相容,则不存在这样的函数 F.

11.4　开集与闭集

定义 11.4.1　距离　对实数集 $\mathbf{R}$,若 $\rho:\mathbf{R}\times\mathbf{R}\to\mathbf{R}$ 定义为 $\rho(\langle x,y\rangle)=|x-y|$,其中 $|x-y|$ 是 $x-y$ 的绝对值,则称 ρ 为 $\mathbf{R}$ 上的距离函数,对任意 $\langle x,y\rangle\in\mathbf{R}\times\mathbf{R}$,把 $\rho(\langle x,y\rangle)$ 称为 x 和 y 的距离,并可写为 $\rho(x,y)=|x-y|$.

定义 11.4.2　邻域　对实数集 $\mathbf{R}$,$<$ 是 $\mathbf{R}$ 上的小于关系,ρ 是 $\mathbf{R}$ 上的距离函数,若 $x_0\in\mathbf{R},\varepsilon\in\mathbf{R}$ 且 $\varepsilon>0$,则集合
$$\{x\mid x\in\mathbf{R}\wedge\rho(x_0,x)<\varepsilon\}$$
称为 x_0 的 ε 邻域.

定义 11.4.3　极限点　对实数集 $\mathbf{R}, A\subseteq\mathbf{R}, x_0\in\mathbf{R}$,如果在 x_0 的任一个 ε 邻域中,都存在不等于 x_0 的元素 x,且 $x\in A$,则称 x_0 是 A 的一个极限点(或凝聚点).

定义的条件可以写成
$$(\forall\varepsilon)((\varepsilon\in\mathbf{R}\wedge\varepsilon>0)\to(\exists x)(x\in A\wedge x\neq x_0\wedge\rho(x,x_0)<\varepsilon)).$$

定理 11.4.1　对实数集 $\mathbf{R}, A\subseteq\mathbf{R}, x_0\in\mathbf{R}, x_0$ 是 A 的极限点当且仅当在 A 中存在点列
$$\{x_n\mid x_n\in A\wedge x_n\neq x_0\wedge(m\neq n\to x_m\neq x_n)\}$$
使得 $\lim\limits_{n\to\infty}x_n=x_0$.

定理 11.4.2　若 $A\subseteq\mathbf{R}$ 是有界无限集,则 A 具有极限点.

定义 11.4.4　孤立点　对实数集 $\mathbf{R}, A\subseteq\mathbf{R}, x_0\in A$,若 x_0 不是 A 的极限点,则称 x_0 为 A 的孤立点.

定义 11.4.5　导集与闭集　对实数集 $\mathbf{R}, A\subseteq\mathbf{R}, A$ 的所有极限点的集合称为 A 的导集,记作 A'.如果 $A'\subseteq A$,则称 A 为闭集.

定理 11.4.3　对实数集 $\mathbf{R}, A\subseteq\mathbf{R}$,则 A' 是闭集,即 $(A')'\subseteq A'$.

定理 11.4.4　任意个闭集的交集是闭集.有限个闭集的并集是闭集.

定义 11.4.6　内点　对实数集 $\mathbf{R}, A\subseteq\mathbf{R}, x_0\in\mathbf{R}$,如果存在 x_0 的 ε 邻域,其中全是 A 的元素,则称 x_0 为 A 的一个内点.

定义的条件可以写成

$(\exists \varepsilon)(\varepsilon \in \mathbf{R} \land \varepsilon > 0 \land (\forall x)((x \in \mathbf{R} \land \rho(x,x_0) < \varepsilon) \to x \in A))$.

定义 11.4.7 开集 对实数集 $\mathbf{R}, A \subseteq \mathbf{R}$, 若 A 的元素都是 A 的内点, 则称 A 为开集.

定理 11.4.5 任意个开集的并集是开集, 有限个开集的交集是开集.

定理 11.4.6 对实数集 $\mathbf{R}, A \subseteq \mathbf{R}$,

(1) 若 A 是开集, 则 $\mathbf{R} - A$ 是闭集.

(2) 若 A 是闭集, 则 $\mathbf{R} - A$ 是开集.

11.5 模 糊 子 集

定理 11.5.1 特征函数的性质 设 E 是论域, $A \subseteq E, B \subset E, +、-、*$ 是算术加、减、乘法,

(1) $(\forall x)(\chi_A(x) = 0) \Leftrightarrow A = \phi$,

(2) $(\forall x)(\chi_A(x) = 1) \Leftrightarrow A = E$,

(3) $(\forall x)(\chi_A(x) \leqslant \chi_B(x)) \Leftrightarrow A \subseteq B$,

(4) $(\forall x)(\chi_A(x) = \chi_B(x)) \Leftrightarrow A = B$,

(5) $\chi_{A \cap B}(x) = \chi_A(x) * \chi_B(x)$,

(6) $\chi_{A \cup B}(x) = \chi_A(x) + \chi_B(x) - \chi_{A \cap B}(x)$,

(7) $\chi_{A-B}(x) = \chi_A(x) - \chi_{A \cap B}(x)$,

(8) $\chi_{-A}(x) = 1 - \chi_A(x)$.

定义 11.5.1 模糊子集与隶属函数 设 E 是论域, E 上的一个模糊子集 $\underset{\sim}{A}$ 是指: 存在一个函数 $\mu_A: E \to [0,1]$, 并称 μ_A 为 $\underset{\sim}{A}$ 的隶属函数.

定义 11.5.2 设 E 是全集, $\underset{\sim}{A}, \underset{\sim}{B} \in F(E)$, 则 $\underset{\sim}{A} \cup \underset{\sim}{B}$、$\underset{\sim}{A} \cap \underset{\sim}{B}$、$-\underset{\sim}{A}$ 具有下列隶属函数

$$\mu_{\underset{\sim}{A} \cup \underset{\sim}{B}}(x) = \max(\mu_A(x), \mu_B(x)),$$

$$\mu_{\underset{\sim}{A} \cap \underset{\sim}{B}}(x) = \min(\mu_A(x), \mu_B(x)),$$

$$\mu_{-\underset{\sim}{A}}(x) = 1 - \mu_{\underset{\sim}{A}}(x).$$

$\underset{\sim}{A} \cup \underset{\sim}{B}$、$\underset{\sim}{A} \cap \underset{\sim}{B}$、$-\underset{\sim}{A}$ 分别称为并集、交集、绝对补集.

定义 11.5.3 截集 设 E 是全集, $\underset{\sim}{A} \in F(E)$, 对 $\lambda \in [0,1]$, 集合

$$(\underset{\sim}{A})_\lambda = \{x \mid \mu_{\underset{\sim}{A}}(x) \geqslant \lambda\}$$

称为 $\underset{\sim}{A}$ 的 λ 截集, $(\underset{\sim}{A})_\lambda$ 可以写作 A_λ.

定理 11.5.2 设 E 是全集, $\underset{\sim}{A}, \underset{\sim}{B} \in F(E), \lambda \in [0,1]$ 则

(1) $(\underset{\sim}{A} \cup \underset{\sim}{B})_\lambda = (\underset{\sim}{A})_\lambda \cup (\underset{\sim}{B})_\lambda$,

(2) $(\underset{\sim}{A} \cap \underset{\sim}{B})_\lambda = (\underset{\sim}{A})_\lambda \cap (\underset{\sim}{B})_\lambda$.

定理 11.5.3 设 E 是全集, $\underset{\sim}{A} \in F(E), \lambda, \sigma \in [0,1]$ 则

(1) $\lambda \leqslant \sigma \Rightarrow A_\sigma \subseteq A_\lambda$,

(2) $A_0 = E$.

定理 11.5.4 分解定理 设 E 是全集, $\underset{\sim}{A} \in F(E), \lambda \in [0,1], \chi_{A_\lambda}(u)$ 是 A_λ 的特征函数, 则

$$\mu_{\underset{\sim}{A}}(u) = \sup_{\lambda \in [0,1]}(\inf(\lambda, \chi_{A_\lambda}(u))).$$

(其中 sup 表示集合的上确界，inf 表示集合的下确界)

定义 11.5.4　支集　核　边界　正规模糊集　设 E 是全集，$\underset{\sim}{A} \in F(E)$，则

$$\sup p\underset{\sim}{A} = \{u \mid \mu_{\underset{\sim}{A}}(u) > 0\}$$

称为 $\underset{\sim}{A}$ 的支集，截集 A_1 称为 $\underset{\sim}{A}$ 的核，$(\sup p\underset{\sim}{A}) - A_1$；称为 $\underset{\sim}{A}$ 的边界.

核 A_1 的元素完全隶属于 $\underset{\sim}{A}$. 若 $A_1 \neq \phi$，就称 $\underset{\sim}{A}$ 为正规模糊集；若 $A_1 \neq \phi$，就称 $\underset{\sim}{A}$ 为非正规模糊集.

第 12 章 实数集合与集合的基数

12.1 实 数 集 合

定义 12.1.1 整数 对自然数集合 $\mathbf{N}$,令
$$\mathbf{Z}_+ = \mathbf{N} - \{0\}$$
$$\mathbf{Z}_- = \{\langle 0,n\rangle \mid n \in \mathbf{Z}_+\},$$
$$\mathbf{Z} = \mathbf{Z}_+ \cup \{0\} \cup \mathbf{Z}_-.$$
则称 $\mathbf{Z}_+$ 的元素为正整数,$\mathbf{Z}_-$ 的元素为负整数,$\mathbf{Z}$ 的元素为整数.

定义 12.1.2 一个整数的相反数分别是
$$-n = \langle 0,n\rangle \text{ 当 } n \in \mathbf{Z}_+,$$
$$-0 = 0,$$
$$-\langle 0,n\rangle = n \text{ 当 } n \in \mathbf{Z}_+.$$

定义 12.1.3 在集合 $\mathbf{Z}$ 上定义小于等于关系 $\leqslant_z$ 为,对任意的 $x,y \in \mathbf{Z}$, $x \leqslant_z y$ 当且仅当
$$(x \in \mathbf{N} \wedge y \in \mathbf{N} \wedge x \leqslant_N y) \vee (x \in \mathbf{Z}_- \wedge y \in \mathbf{N})$$
$$\vee (x \in \mathbf{Z}_- \wedge y \in \mathbf{Z}_- \wedge y \in \mathbf{Z}_- \wedge -y \leqslant_N -x).$$
在集合 $\mathbf{Z}$ 上定义小于关系 $<_z$ 为,对任意的 $x,y \in \mathbf{Z}$,
$$x <_z y \text{ 当且仅当} (x \leqslant_z y) \wedge (x \neq y).$$

定义 12.1.4 等价关系 $\cong$ 对整数集合 $\mathbf{Z}$,令
$Q_1 = \mathbf{Z} \times (\mathbf{Z} - \{0\}) = \{\langle a,b\rangle \mid a \in \mathbf{Z} \wedge b \in \mathbf{Z} \wedge b \neq 0\}$,并称 Q_1 是 $\mathbf{Z}$ 上的因式的集合. 对 $\langle a,b\rangle \in Q_1$,可以用 a/b 代替 $\langle a,b\rangle$. 在 Q_1 上定义关系 $\cong$ 为,对任意的 $a/b \in Q_1$, $c/d \in Q_1$,
$$a/b \cong c/d \text{ 当且仅当} a \cdot d = b \cdot c$$
其中 $a \cdot b$ 是在 $\mathbf{Z}$ 上定义的乘法,$=$ 是 $\mathbf{Z}$ 上的相等关系.

定理 12.1.1 在 Q_1 上的关系 $\cong$ 是等价关系.

定义 12.1.5 有理数集合 令 $\mathbf{Q} = Q_1/\cong$,即 $\mathbf{Q}$ 是集合 Q_1 对等价关系 $\cong$ 的商集,则称 $\mathbf{Q}$ 的元素为有理数,一般用 a/b 表示 $\mathbf{Q}$ 中的元素 $[\langle a,b\rangle]_\cong$,并习惯上取 a、b 是互素的整数,且 $b > 0$.

定义 12.1.6 在 $\mathbf{Q}$ 上定义小于等于关系 $\leqslant_\mathbf{Q}$ 为,对任意的 $a/b, c/d \in \mathbf{Q}$,
$$a/b \leqslant_\mathbf{Q} c/d \text{ 当且仅当 } a \cdot b \leqslant_z b \cdot c.$$

定义 12.1.7 基本函数 如果 $f:\mathbf{N} \to \mathbf{Q}$ 满足条件,
(1) $(\exists x)(x \in \mathbf{Q} \wedge (\forall n)(n \in \mathbf{N} \to |f(n)| < x))$,
(2) $(\exists n)(n \in \mathbf{N} \wedge (\forall m)(\forall i)((m \in \mathbf{N} \wedge i \in \mathbf{N} \wedge n \leqslant m \wedge n \leqslant i \wedge m \leqslant i) \to (f(m) \leqslant f(i))))$,
则称 f 是一个基本函数,或有界非递减函数. 当 f 是一个基本函数时,则函数值
$$f(0), f(1), f(2), \cdots, f(n), \cdots$$

称为一个基本序列,它有时写为
$$r_0, r_1, r_2, \cdots, r_n, \cdots.$$
在以下定义与定理中,B 表示所有基本函数的集合.$BF(f)$ 表示 f 是一个基本函数.

定理 12.1.2 当 $f: \mathbf{N} \to \mathbf{Q}$ 取常数值时,f 是基本函数.即对任意的 $r \in \mathbf{Q}$,
$$r, r, r, \cdots$$
是一个基本序列.

定理 12.1.3 存在不是常值函数的基本函数.

定义 12.1.8 对基本函数的集合 B,定义 B 上的关系 $\cong$ 为,对任意的 $f, g \in B$,$f \cong g$ 当且仅当
$$(\forall \varepsilon)((\varepsilon \in \mathbf{Q} \wedge \varepsilon > 0) \to (\exists n)(n \in \mathbf{N} \wedge (\forall m)$$
$$((m \in \mathbf{N} \wedge n \leqslant m) \to |f(m) - g(m)| < \varepsilon))).$$

直观上说,$f \cong g$ 等价于 f 和 g 的序列的极限相同.

定理 12.1.4 B 上的关系 $\cong$ 是等价关系.

定理 12.1.5 设 $f: \mathbf{N} \to \mathbf{Q}$ 和 $g: \mathbf{N} \to \mathbf{Q}$ 都是常值函数,且 $f \cong g$,则 $f = g$.

定义 12.1.9 实数集 令 $\mathbf{R} = B/\cong$,即 $\mathbf{R}$ 是集合 B 对等价关系 $\cong$ 的商集,则称 $\mathbf{R}$ 的元素为实数,称 $\mathbf{R}$ 为实数集合.

定义 12.1.10 在 B 上定义小于关系 $<_B$ 为,对任意的 $f, g \in B$ $f <_B g$ 当且仅当
$$(\exists \varepsilon)((\varepsilon \in \mathbf{Q} \wedge 0 < \varepsilon) \wedge (\exists n)(n \in \mathbf{N} \wedge (\forall m)$$
$$((m \in \mathbf{N} \wedge n \leqslant m) \to g(m) - f(m) > \varepsilon))).$$

定义 12.1.11 在 $\mathbf{R}$ 上定义小于等于关系 $\leqslant_\mathbf{R}$ 和小于关系 $<_\mathbf{R}$ 为,对任意的 $f, g \in B$,即对 $[f]_\cong \in \mathbf{R}$ 和 $[g]_\cong \in \mathbf{R}$,
$$[f]_\cong \leqslant_\mathbf{R} [g]_\cong \text{ 当且仅当 } f \leqslant_B g,$$
$$[f]_\cong <_\mathbf{R} [g]_\cong \text{ 当且仅当 } f <_B g.$$

12.2 集合的等势

定义 12.2.1 集合的等势 对集合 A 和 B,如果存在从 A 到 B 的双射函数,就称 A 和 B 等势,记作 $A \approx B$. 如果不存在从 A 到 B 的双射函数,就称 A 和 B 不等势,记作 $\neg A \approx B$.

定理 12.2.1 对任意的集合 A,有
$$P(A) \approx A_2.$$

定理 12.2.2 对任意的集合 A、B 和 C,
(1) $A \approx A$,
(2) 若 $A \approx B$,则 $B \approx A$,
(3) 若 $A \approx B$ 且 $B \approx C$,则 $A \approx C$.

定理 12.2.3 康托尔定理
(1) $\neg \mathbf{N} \approx \mathbf{R}$,
(2) 对任意的集合 A,$\neg A \approx P(A)$.

12.3　有限集合与无限集合

定义 12.3.1　（有限集合与无限集合）　集合 A 是有限集合,当且仅当存在 $n \in \mathbf{N}$,使 $n \approx A$. 集合 A 是无限集合当且仅当 A 不是有限集合,即不存在 $n \in \mathbf{N}$ 使 $n \approx A$.

定理 12.3.1　不存在与自己的真子集等势的自然数.

推论 12.3.1　不存在与自己的真子集等势的有限集合.

推论 12.3.2　任何与自己的真子集等势的集合是无限集合. $\mathbf{N}$ 和 $\mathbf{R}$ 都是无限集合.

推论 12.3.3　任何有限集合只与唯一的自然数等势.

12.4　集合的基数

定义 12.4.1　对任意的集合 A 和 B,它们的基数分别用 $\mathrm{card}(A)$ 和 $\mathrm{card}(B)$ 表示,并且 $\mathrm{card}(A) = \mathrm{card}(B) \Leftrightarrow A \approx B$. (有时把 $\mathrm{card}(A)$ 记作 $|A|$ 或 $\sharp(A)$.) 对有限集合 A 和 $n \in \mathbf{N}$,若 $A \approx n$,则
$$\mathrm{card}(A) = n.$$

1.（自然数集合 $\mathbf{N}$ 的基数）　$\mathbf{N}$ 的基数不是自然数,因为 $\mathbf{N}$ 不与任何自然数等势. 通常用康托尔的记法,把 $\mathrm{card}(\mathbf{N})$ 记作 $\aleph_0$,读作"阿列夫零". 因此,
$$\mathrm{card}(\mathbf{Z}) = \mathrm{card}(\mathbf{Q}) = \mathrm{card}(\mathbf{N} \times \mathbf{N}) = \aleph_0.$$

2.（实数集合 $\mathbf{R}$ 的基数）　$\mathbf{R}$ 的基数不是自然数,也不是 $\aleph_0$.（因为 $\neg R \approx N$）. 通常把 $\mathrm{card}(\mathbf{R})$ 记作 $\aleph_1$,读作"阿列夫壹". 因此,
$$\mathrm{card}([0,1]) = \mathrm{card}((0,1)) = \mathrm{card}(\mathbf{R}_+) = \aleph_1.$$

12.5　基数的算术运算

定义 12.5.1　对任意的基数 k 和 l,

(1) 若存在集合 K 和 L,$K \cap L = \phi$,$\mathrm{card}(K) = k$,$\mathrm{card}(L) = l$,则
$$k + l = \mathrm{card}(K \cup L).$$

(2) 若存在集合 K 和 L,$\mathrm{card}(K) = k$,$\mathrm{card}(L) = l$,则
$$k \cdot l = \mathrm{card}(K \times L).$$

(3) 若存在集合 K 和 L,$\mathrm{card}(K) = k$,$\mathrm{card}(L) = l$,则
$$k^l = \mathrm{card}(L_K),$$

其中 L_K 是从 L 到 K 的函数的集合.

定理 12.5.1　对任意的基数 k、l 和 m,

(1) $k + l = l + k$,
　　$k \cdot l = l \cdot k$,

(2) $k + (l + m) = (k + l) + m$,
　　$k \cdot (l \cdot m) = (k \cdot l) \cdot m$,

(3) $k \cdot (l + m) = k \cdot l + k \cdot m$,

(4) $k^{(l+m)} = k^l \cdot k^m$,
(5) $(k \cdot l)^m = k^m \cdot l^m$,
(6) $(k^l)^m = k^{(l \cdot m)}$.

12.6 基数的比较

定义 12.6.1 对集合 K 和 L, $\operatorname{card}(K) = k$, $\operatorname{card}(L) = l$, 如果存在从 K 到 L 的单射函数, 则称集合 L 优势于 K, 记作 $K \leqslant L$, 且称基数 k 不大于基数 l, 记作 $k \leqslant l$.

定义 12.6.2 对基数 k 和 l, 如果 $k \leqslant l$ 且 $k \neq l$, 则称 k 小于 l, 记作 $k < l$.

定理 12.6.1 对任意的基数 k、l 和 m,
(1) $k \leqslant k$,
(2) 若 $k \leqslant l$ 且 $l \leqslant m$, 则 $k \leqslant m$,
(3) 若 $k \leqslant l$ 且 $l \leqslant k$ 则 $k = l$,
(4) $k \leqslant l$ 或 $l \leqslant k$.

定理 12.6.2 对任意的基数 k、l 和 m, 如果 $k \leqslant l$,
(1) $k + m \leqslant l + m$,
(2) $k \cdot m \leqslant l \cdot m$,
(3) $k^m \leqslant l^m$,
(4) 若 $k \neq 0$ 或 $m \neq 0$, 则 $m^k \leqslant m^l$.

定理 12.6.3 对基数 k 和 l, 如果 $k \leqslant l$、$k \neq 0$, l 是无限基数, 则
$$k + l = k \cdot l = l = \max(k, l).$$

定理 12.6.4
(1) 对任意的无限集合 K, $\mathbf{N} \leqslant K$.
(2) 对任意的无限基数 k, $\aleph_0 \leqslant k$.

12.7 可数集合与连续统假设

定义 12.7.1 (**可数集合**) 对集合 K, 如果 $\operatorname{card}(K) \leqslant \aleph_0$, 则称 K 是可数集合.

定理 12.7.1 (**可数集的性质**)
(1) 可数集的任何子集是可数集.
(2) 两个可数集的并集和笛卡儿积是可数集.
(3) 若 K 是无限集合, 则 $P(K)$ 是不可数的.
(4) 可数个可数集的并集是可数集(该结论可写为: 若 A 是可数集, A 的元素都是可数集, 则 $\bigcup A$ 是可数集).

已知的基数按从小到大的次序排列就是
$$0, 1, \cdots, n, \cdots, \aleph_0, \aleph_1, 2^{\aleph_1}, \cdots.$$

(**连续统假设**) "连续统假设"就是断言不存在基数 k, 使
$$\aleph_0 < k < 2^{\aleph_0}.$$

这个假设至今未经证明. 有人已证明: 根据现有的公理系统, 既不能证明它是对的, 也不能证明它是错的.

第二部分 习题解答

第1章 习题解答

1. 判断下列语句是否是命题,并对命题确定其真值.

(1) 火星上有生命存在.

(2) 12 是质数.

(3) 香山比华山高.

(4) $x+y=2$.

(5) 这盆茉莉花真香!

(6) 结果对吗?

(7) 这句话是错的.

(8) 假如明天是星期天,那么学校放假.

解:

(1) 是命题.

(2) 是命题,真值为 F.

(3) 是命题,真值为 F.

(4) 不是命题

含有命题变项.

(5) 感叹句,不是命题.

(6) 疑问句,不是命题.

(7) 不是命题.

如果此句为真,说明这句话确实是错的,因而这句话应为假.若此句为假,可推出这句话所陈述的内容是错的,因而这句话应为真.像这样由假推出真,由真推出假,真值无法确定的句子称为悖论,悖论不是命题.

(8) 是命题.

2. P 表示今天很冷,Q 表示正在下雪.

(1) 将下列命题符号化:

如果正在下雪,那么今天很冷.

今天很冷当且仅当正在下雪.

正在下雪的必要条件是今天很冷.

(2) 用自然语句叙述下列公式：
$\neg(P \wedge Q), \neg P \vee \neg Q, P \rightarrow Q, \neg P \vee Q, \neg\neg P, \neg P \leftrightarrow Q.$

解：

(1) $Q \rightarrow P$

$P \leftrightarrow Q$

$Q \rightarrow P$

(2) 今天不是既很冷又下雪.

今天不很冷或者没有下雪.

如果今天很冷,那么正在下雪.

今天不很冷或者正在下雪.

今天并非不很冷.

今天不是很冷当且仅当正在下雪.

注意： "或"与"异或"是有区别的.

3. 对下列公式直观叙述在什么样的解释下为真,并列写出真值表来验证.
(1) $\neg(P \vee Q), \neg P \wedge \neg Q, \neg(P \wedge Q).$
(2) $(\neg P \vee Q) \wedge (P \vee \neg Q), (P \wedge Q) \vee (\neg P \wedge \neg Q).$
(3) $(P \rightarrow Q) \wedge \neg(P \leftrightarrow Q).$
(4) $P \rightarrow Q, \neg Q \rightarrow \neg P, \neg P \rightarrow \neg Q, Q \rightarrow P.$
(5) $P \rightarrow (Q \rightarrow R), P \wedge Q \rightarrow R.$

解：

(1)

P	Q	$\neg(P \vee Q)$	$\neg P \wedge \neg Q$	$\neg(P \wedge Q)$
T	T	F	F	F
T	F	F	F	T
F	T	F	F	T
F	F	T	T	T

(2)

P	Q	$(\neg P \vee Q) \wedge (P \vee \neg Q)$	$(P \wedge Q) \vee (\neg P \wedge \neg Q)$
T	T	T	T
T	F	F	F
F	T	F	F
F	F	T	T

· 62 ·

(3)

P	Q	(P→Q)∧¬(P↔Q)	P	Q	(P→Q)∧¬(P↔Q)
T	T	F	F	T	T
T	F	F	F	F	F

(4)

P	Q	P→Q	¬Q→¬P	¬P→¬Q	Q→P
T	T	T	T	T	T
T	F	F	F	T	T
F	T	T	T	F	F
F	F	T	T	T	T

(5)

P	Q	R	P→(Q→R)	P∧Q→R
T	T	T	T	T
T	T	F	F	F
T	F	T	T	T
T	F	F	T	T
F	T	T	T	T
F	T	F	T	T
F	F	T	T	T
F	F	F	T	T

4. 下列公式哪个是重言式、永假式和可满足的,并用代入规则(对重言式)或真值表来验证.

(1) $P→P$.
(2) $¬((P∨Q)→(Q∨P))$.
(3) $(Q→R)→((P∨Q)→(P∨R))$.
(4) $(Q→R)→((P→Q)→(P→R))$.
(5) $(P→Q)→(¬Q→¬P)$.
(6) $(P∧Q)→(P∨Q)$.

解:

(1) 重言式

P	P→P	P	P→P
T	T	F	T

(2) 永假式

由上题得知，$A \to A$ 为重言式，作代入 $\dfrac{A}{P \vee Q}$，便知 $((P \vee Q) \to (Q \vee P))$ 为重言式. 从而，$\neg((P \vee Q) \to (Q \vee P))$ 为永假式.

P	Q	$\neg((P \vee Q) \to (Q \vee P))$	P	Q	$\neg((P \vee Q) \to (Q \vee P))$
T	T	F	F	T	F
T	F	F	F	F	F

(3) 重言式

P	Q	R	$(Q \to R) \to ((P \vee Q) \to (P \vee R))$
T	T	T	T
T	T	F	T
T	F	T	T
T	F	F	T
F	T	T	T
F	T	F	T
F	F	T	T
F	F	F	T

$(Q \to R) \to ((P \vee Q) \to (P \vee R))$
$\Leftrightarrow \neg(\neg Q \vee R) \vee (\neg(P \vee Q) \vee (P \vee R))$
$\Leftrightarrow \neg(\neg Q \vee R) \vee ((\neg P \wedge \neg Q) \vee P \vee R)$
$\Leftrightarrow \neg(\neg Q \vee R) \vee ((\neg Q \vee P) \vee R)$
$\Leftrightarrow \neg(\neg Q \vee R) \vee (\neg Q \vee P) \vee R$
$\Leftrightarrow T \vee R$
$\Leftrightarrow T$

从而，$(Q \to R) \to ((P \vee Q) \to (P \vee R))$ 为重言式.

(4) 重言式

P	Q	R	$(Q \to R) \to ((P \to Q) \to (P \to R))$
T	T	T	T
T	T	F	T
T	F	T	T
T	F	F	T
F	T	T	T
F	T	F	T
F	F	T	T
F	F	F	T

由(3)解得知，$(Q \to R) \to ((S \vee Q) \to (S \vee R))$ 为重言式，作代入 $\dfrac{S}{\neg P}$，得

$$(Q \to R) \to ((\neg P \vee Q) \to (\neg P \vee R))$$
$$\Leftrightarrow (Q \to R) \to ((P \to Q) \to (P \to R))$$

$(Q \to R) \to ((P \to Q) \to (P \to R))$ 为重言式.

(5) 重言式

P	Q	$(P\to Q)\to(\neg Q\to\neg P)$	P	Q	$(P\to Q)\to(\neg Q\to\neg P)$
T	T	T	F	T	T
T	F	T	F	F	T

$$(P\to Q)\to(\neg Q\to\neg P) \Leftrightarrow (P\to Q)\to(P\to Q)$$

由(1)解得知, $A \to A$ 为重言式, 作代入 $\dfrac{A}{P \to Q}$, 便知 $(P\to Q)\to(\neg Q\to\neg P)$ 为重言式.

(6) 重言式

P	Q	$(P\wedge Q)\to(P\vee Q)$	P	Q	$(P\wedge Q)\to(P\vee Q)$
T	T	T	F	T	T
T	F	T	F	F	T

5. 形式化下列自然语句:

(1) 他个子高而且很胖.
(2) 他个子高但不很胖.
(3) 并非"他个子高或很胖".
(4) 他个子不高也不胖.
(5) 他个子高或者他个子矮而很胖.
(6) 他个子矮或他不很胖都是不对的.
(7) 如果水是清的, 那么或者张三能见到池底或者他是个近视眼.
(8) 如果嫦娥是虚构的, 而如果圣诞老人也是虚构的, 那么许多孩子受骗了.

解:
(1) 令 P 表示"他个子高", Q 表示"他很胖", 于是可表示为 $P \wedge Q$.
(2) P, Q 含义同(1), 可表示为 $P \wedge \neg Q$.
(3) P, Q 含义同(1), 可表示为 $\neg(P \vee Q)$.
(4) P, Q 含义同(1), 可表示为 $\neg P \wedge \neg Q$.
(5) P, Q 含义同(1), 可表示为 $P \vee (\neg P \wedge Q)$ 或 $P \veebar (\neg P \wedge Q)$.
(6) P, Q 含义同(1), 可表示为 $\neg(\neg P \vee \neg Q)$.
(7) 令 P 表示"水是清的", Q 表示"张三能见到池底", R 表示"张三是个近视眼", 于是可表示为 $P \to (Q \veebar R)$.
(8) 令 P 表示"嫦娥是虚构的", Q 表示"圣诞老人是虚构的", R 表示"许多孩子受骗了", 于是可表示为 $(P \wedge Q) \to R$ 或 $P \to (Q \to R)$.

注意: "或"与"异或"是有区别的.

6. 将下列公式写成波兰式和逆波兰式.
(1) $P \rightarrow Q \vee R \vee S$
(2) $P \wedge \neg R \leftrightarrow P \vee Q$
(3) $\neg \neg P \vee (W \wedge R) \vee \neg Q$

解：

(1) 波兰式：$\rightarrow P \vee \vee QRS$　　　逆波兰式：$PQR \vee S \vee \rightarrow$

(2) 波兰式：$\leftrightarrow \wedge P \neg R \vee PQ$　　　逆波兰式：$PR \neg \wedge PQ \vee \leftrightarrow$

(3) 波兰式：$\vee \vee \neg \neg P \wedge WR \neg Q$　　　逆波兰式：$P \neg \neg WR \wedge \vee Q \neg \vee$

第2章 习题解答

1. 证明下列等值公式.

(1) $P \to (Q \land R) = (P \to Q) \land (P \to R)$

(2) $P \to Q = \neg Q \to \neg P$

(3) $((P \to \neg Q) \to (Q \to \neg P)) \land R = R$

(4) $(P \leftrightarrow Q) \leftrightarrow ((P \land \neg Q) \lor (Q \land \neg P)) = P \land \neg P$

(5) $P \to (Q \to R) = (P \land Q) \to R$

(6) $\neg (P \leftrightarrow Q) = (P \land \neg Q) \lor (\neg P \land Q)$

证明：

(1)

$$P \to (Q \land R) = \neg P \lor (Q \land R) = (\neg P \lor Q) \land (\neg P \lor R) = (P \to Q) \land (P \to R)$$

P	Q	R	$P \to (Q \land R)$	$(P \to Q) \land (P \to R)$
F	F	F	T	T
F	F	T	T	T
F	T	F	T	T
F	T	T	T	T
T	F	F	F	F
T	F	T	F	F
T	T	F	F	F
T	T	T	T	T

(2)

$$P \to Q = \neg P \lor Q = \neg \neg Q \lor \neg P = \neg Q \to \neg P$$

P	Q	$P \to Q$	$\neg Q \to \neg P$
F	F	T	T
F	T	T	T
T	F	F	F
T	T	T	T

(3)

$$((P \to \neg Q) \to (Q \to \neg P)) \land R = ((\neg P \lor \neg Q) \to (\neg Q \lor \neg P)) \land R = T \land R = R$$

P	Q	R	$((P\to\neg Q)\to(Q\to\neg P))\land R$
F	F	F	F
F	F	T	T
F	T	F	F
F	T	T	T
T	F	F	F
T	F	T	T
T	T	F	F
T	T	T	T

(4)

$$(P\leftrightarrow Q)\leftrightarrow((P\land\neg Q)\lor(Q\land\neg P))$$
$$=(P\leftrightarrow Q)\leftrightarrow\neg\neg((P\land\neg Q)\lor(Q\land\neg P))$$
$$=(P\leftrightarrow Q)\leftrightarrow\neg((\neg P\lor Q)\land(\neg Q\lor P))$$
$$=(P\leftrightarrow Q)\leftrightarrow\neg(P\leftrightarrow Q)=\text{F}=P\land\neg P$$

P	Q	$(P\leftrightarrow Q)\leftrightarrow((P\land\neg Q)\lor(Q\land\neg P))$	$P\land\neg P$
F	F	F	F
F	T	F	F
T	F	F	F
T	T	F	F

(5)

$$P\to(Q\to R)=\neg P\lor(\neg Q\lor R)=(\neg P\lor\neg Q)\lor R=\neg(P\land Q)\lor R=(P\land Q)\to R$$

P	Q	R	$P\to(Q\to R)$	$(P\land Q)\to R$
F	F	F	T	T
F	F	T	T	T
F	T	F	T	T
F	T	T	T	T
T	F	F	T	T
T	F	T	T	T
T	T	F	F	F
T	T	T	T	T

(6)

$$\neg(P\leftrightarrow Q)=\neg((\neg P\lor Q)\land(P\lor\neg Q))=(P\land\neg Q)\lor(\neg P\land Q)$$

P	Q	$\neg(P\leftrightarrow Q)$	$(P\wedge\neg Q)\vee(\neg P\wedge Q)$
F	F	F	F
F	T	T	T
T	F	T	T
T	T	F	F

2. 由下列真值表,分别从 T 和 F 来列写出 A、B 和 C 的表达式,并分别以符号 m_i 和 M_i 表示.

P	Q	A	B	C
F	F	T	T	T
F	T	T	F	F
T	F	T	F	F
T	T	F	T	F

解:

(1) 从 T 来列写

$A = (\neg P \wedge \neg Q) \vee (\neg P \wedge Q) \vee (P \wedge \neg Q) = m_0 \vee m_1 \vee m_2$

$B = (\neg P \wedge \neg Q) \vee (P \wedge Q) = m_0 \vee m_3$

$C = \neg P \wedge \neg Q = m_0$

(2) 从 F 来列写

$A = \neg P \vee \neg Q = M_0$

$B = (\neg P \vee Q) \wedge (P \vee \neg Q) = M_1 \wedge M_2$

$C = (\neg P \vee \neg Q) \wedge (\neg P \vee Q) \wedge (P \vee \neg Q) = M_0 \wedge M_1 \wedge M_2$

3. 用 ↑ 和 ↓ 分别表示出 $\neg$,$\wedge$,$\vee$,$\rightarrow$ 和 $\leftrightarrow$.

解:

(1) 用 ↑ 表示

$\neg P = \neg(P \wedge P) = P \uparrow P$

$P \wedge Q = \neg(\neg(P \wedge Q)) = \neg(P \uparrow Q) = (P \uparrow Q) \uparrow (P \uparrow Q)$

$P \vee Q = \neg(\neg P \wedge \neg Q) = \neg P \uparrow \neg Q = (P \uparrow P) \uparrow (Q \uparrow Q)$

$P \rightarrow Q = \neg P \vee Q = P \uparrow (Q \uparrow Q)$

$P \leftrightarrow Q = (P \wedge Q) \vee (\neg P \wedge \neg Q) = \neg(\neg(P \wedge Q) \wedge \neg(\neg P \wedge \neg Q))$

$\qquad = \neg((P \uparrow Q) \wedge (\neg P \uparrow \neg Q)) = (P \uparrow Q) \uparrow (\neg P \uparrow \neg Q)$

$\qquad = (P \uparrow Q) \uparrow ((P \uparrow P) \uparrow (Q \uparrow Q))$

或

$P \leftrightarrow Q = (P \rightarrow Q) \wedge (Q \rightarrow P) = (P \uparrow \neg Q) \wedge (Q \uparrow \neg P)$

$\qquad = (P \uparrow (Q \uparrow Q)) \wedge (Q \uparrow (P \uparrow P))$

$\qquad = ((P \uparrow (Q \uparrow Q)) \uparrow (Q \uparrow (P \uparrow P))) \uparrow ((P \uparrow (Q \uparrow Q)) \uparrow (Q \uparrow (P \uparrow P)))$

(2) 用 ↓ 表示

$\neg P = \neg(P \vee P) = P \downarrow P$

$P \wedge Q = \neg(\neg P \vee \neg Q) = (P \downarrow P) \downarrow (Q \downarrow Q)$

$P \vee Q = \neg(\neg(P \vee Q)) = \neg(P \downarrow Q) = (P \downarrow Q) \downarrow (P \downarrow Q)$

$P \to Q = \neg P \vee Q = ((P \downarrow P) \downarrow Q) \downarrow ((P \downarrow P) \downarrow Q)$

$P \leftrightarrow Q = (P \vee \neg Q) \wedge (\neg P \vee Q) = \neg(\neg(P \vee \neg Q) \vee \neg(\neg P \vee Q))$
$\quad = \neg((P \downarrow (\neg Q)) \vee ((\neg P) \downarrow Q))$
$\quad = ((P \downarrow (Q \downarrow Q)) \downarrow ((P \downarrow P) \downarrow Q))$

或

$P \leftrightarrow Q = (P \wedge Q) \vee (\neg P \wedge \neg Q) = \neg(\neg P \vee \neg Q) \vee \neg(P \vee Q)$
$\quad = (\neg P \downarrow \neg Q) \vee (P \downarrow Q) = ((P \downarrow P) \downarrow (Q \downarrow Q)) \vee (P \downarrow Q)$
$\quad = (((P \downarrow P) \downarrow (Q \downarrow Q)) \downarrow (P \downarrow Q)) \downarrow (((P \downarrow P) \downarrow (Q \downarrow Q)) \downarrow (P \downarrow Q))$

或

$P \leftrightarrow Q = (P \to Q) \wedge (Q \to P)$
$\quad = ((\neg P \downarrow Q) \downarrow (\neg P \downarrow Q)) \wedge ((\neg Q \downarrow P) \downarrow (\neg Q \downarrow P))$
$\quad = ((((P \downarrow P) \downarrow Q) \downarrow ((P \downarrow P) \downarrow Q)) \downarrow (((P \downarrow P) \downarrow Q) \downarrow ((P \downarrow P) \downarrow Q)))$
$\quad \downarrow ((((Q \downarrow Q) \downarrow P) \downarrow ((Q \downarrow Q) \downarrow P)) \downarrow (((Q \downarrow Q) \downarrow P) \downarrow ((Q \downarrow Q) \downarrow P)))$

4. 证明

(1) $A \to B$ 与 $B^* \to A^*$ 同永真、同可满足

(2) $A \leftrightarrow B$ 与 $A^* \leftrightarrow B^*$ 同永真、同可满足

证明:

(1) 若 $A \to B$ 永真,则 $\neg B \to \neg A$ 永真.

由 $\neg A = A^{*-}, \neg B = B^{*-}$,得 $B^{*-} \to A^{*-}$ 永真.

即 $B^* \to A^*$ 永真.

反之,若 $B^* \to A^*$ 永真,则 $(A^*)^* \to (B^*)^*$ 永真.

由 $A = (A^*)^*, B = (B^*)^*$,得 $A \to B$ 永真.

因此,$A \to B$ 与 $B^* \to A^*$ 同永真.

显然,$A \to B$ 与 $B^* \to A^*$ 同可满足.

(2) 若 $A \leftrightarrow B$ 永真,则 $\neg A \leftrightarrow \neg B$ 永真.

由 $\neg A = A^{*-}, \neg B = B^{*-}$,得 $A^{*-} \leftrightarrow B^{*-}$ 永真.

即 $A^* \leftrightarrow B^*$ 永真.

反之,若 $B^* \leftrightarrow A^*$ 永真,则 $(A^*)^* \leftrightarrow (B^*)^*$ 永真.

由 $A = (A^*)^*, B = (B^*)^*$,得 $A \leftrightarrow B$ 永真.

因此,$A \leftrightarrow B$ 与 $A^* \leftrightarrow B^*$ 同永真.

显然,$A \leftrightarrow B$ 与 $A^* \leftrightarrow B^*$ 同可满足.

5. 给出下列各公式的合取范式、析取范式、主合取范式和主析取范式,并给出所有使公式为真的解释.

(1) $P \vee \neg P$

(2) $P \wedge \neg P$

(3) $(\neg P \vee \neg Q) \rightarrow (P \leftrightarrow \neg Q)$

(4) $(P \wedge Q) \vee (\neg P \wedge Q \wedge R)$

(5) $P \wedge (Q \vee (\neg P \wedge R))$

(6) $P \leftrightarrow (Q \rightarrow (Q \rightarrow P))$

(7) $P \rightarrow (Q \wedge (\neg P \leftrightarrow Q))$

(8) $(P \rightarrow Q) \vee ((Q \wedge P) \leftrightarrow (Q \leftrightarrow \neg P))$

解：

(1) 合取范式：$P \vee \neg P$

析取范式：$P \vee \neg P$

主合取范式：空

主析取范式：$P \vee \neg P = \vee_{0,1}$

在任何解释下该式均为真．

(2) 合取范式：$P \wedge \neg P$

析取范式：$P \wedge \neg P$

主合取范式：$P \wedge \neg P = \wedge_{0,1}$

主析取范式：空

在任何解释下该式都不为真．

(3) 合取范式：

$(\neg P \vee \neg Q) \rightarrow (P \leftrightarrow \neg Q) = \neg(\neg P \vee \neg Q) \vee (\neg P \vee \neg Q) \wedge (P \vee \neg \neg Q)$
$= (P \wedge Q) \vee (\neg P \vee \neg Q) \wedge (P \vee Q)$
$= P \vee Q$

析取范式：

$(\neg P \vee \neg Q) \rightarrow (P \leftrightarrow \neg Q) = \neg(\neg P \vee \neg Q) \vee (P \wedge \neg Q) \vee (\neg P \wedge Q)$
$= (P \wedge Q) \vee (P \wedge \neg Q) \vee (\neg P \wedge Q)$

主合取范式：$(\neg P \vee \neg Q) \rightarrow (P \leftrightarrow \neg Q) = P \vee Q = \wedge_3$

主析取范式：

$(\neg P \vee \neg Q) \rightarrow (P \leftrightarrow \neg Q) = (P \wedge Q) \vee (P \wedge \neg Q) \vee (\neg P \wedge Q) = \vee_{1,2,3}$

在 $\begin{cases} P=T \\ Q=T \end{cases}$, $\begin{cases} P=T \\ Q=F \end{cases}$, $\begin{cases} P=F \\ Q=T \end{cases}$ 三种解释下该式为真．

(4) 合取范式：

$(P \wedge Q) \vee (\neg P \wedge Q \wedge R)$
$= (P \vee \neg P) \wedge (P \vee Q) \wedge (P \vee R) \wedge (\neg P \vee Q) \wedge (Q \vee Q) \wedge (Q \vee R)$
$= (P \vee Q) \wedge (P \vee R) \wedge (\neg P \vee Q) \wedge Q \wedge (Q \vee R)$
$= (P \vee R) \wedge Q$

析取范式：$(P \wedge Q) \vee (\neg P \wedge Q \wedge R)$

主合取范式：$(P \wedge Q) \vee (\neg P \wedge Q \wedge R) = \vee_{3,6,7} = \wedge_{2,3,5,6,7}$

主析取范式：

$$(P \wedge Q) \vee (\neg P \wedge Q \wedge R)$$
$$= (P \wedge Q) \wedge (R \vee \neg R) \vee (\neg P \wedge Q \wedge R)$$
$$= (P \wedge Q \wedge R) \vee (P \wedge Q \wedge \neg R) \vee (\neg P \wedge Q \wedge R)$$
$$= \vee_{3;6;7}$$

在 $\begin{cases} P=T \\ Q=T \\ R=T \end{cases}, \begin{cases} P=T \\ Q=T \\ R=F \end{cases}, \begin{cases} P=F \\ Q=T \\ R=T \end{cases}$ 三种解释下该式为真.

(5) 合取范式:
$$P \wedge (Q \vee (\neg P \wedge R)) = P \wedge (Q \vee \neg P) \wedge (Q \vee R) = P \wedge Q \wedge (Q \vee R) = P \wedge Q$$
析取范式: $P \wedge (Q \vee (\neg P \wedge R)) = P \wedge Q = (P \wedge Q \wedge R) \vee (P \wedge Q \wedge \neg R)$
主合取范式: $P \wedge (Q \vee (\neg P \wedge R)) = \vee_{6;7} = \wedge_{2;3;4;5;6;7}$
主析取范式: $P \wedge (Q \vee (\neg P \wedge R)) = P \wedge Q = (P \wedge Q \wedge R) \vee (P \wedge Q \wedge \neg R) = \vee_{6;7}$

在 $\begin{cases} P=T \\ Q=T \\ R=T \end{cases}, \begin{cases} P=T \\ Q=T \\ R=F \end{cases}$ 两种解释下该式为真.

(6) 合取范式: $P \leftrightarrow (Q \rightarrow (Q \rightarrow P)) = P \vee Q$
   析取范式:
$$P \leftrightarrow (Q \rightarrow (Q \rightarrow P))$$
$$= (P \wedge (\neg Q \vee (\neg Q \vee P))) \vee (\neg P \wedge \neg (\neg Q \vee (\neg Q \vee P)))$$
$$= (P \wedge (\neg Q \vee P)) \vee (\neg P \wedge \neg (\neg Q \vee P))$$
$$= (P \wedge (\neg Q \vee P)) \vee (\neg P \wedge Q \wedge \neg P)$$
$$= (P \wedge \neg Q) \vee P \vee (\neg P \wedge Q)$$
$$= (P \wedge \neg Q) \vee P \vee Q$$
$$= P \vee Q$$

主合取范式: $P \leftrightarrow (Q \rightarrow (Q \rightarrow P)) = P \vee Q = \wedge_3$
主析取范式: $P \leftrightarrow (Q \rightarrow (Q \rightarrow P)) = \wedge_3 = \vee_{1,2,3}$

在 $\begin{cases} P=T \\ Q=T \end{cases}, \begin{cases} P=T \\ Q=F \end{cases}, \begin{cases} P=F \\ Q=T \end{cases}$ 三种解释下该式为真.

(7) 合取范式: $P \rightarrow (Q \wedge (\neg P \leftrightarrow Q)) = \neg P$
   析取范式:
$$P \rightarrow (Q \wedge (\neg P \leftrightarrow Q))$$
$$= \neg P \vee (Q \wedge (P \vee Q) \wedge (\neg P \vee \neg Q)) = \neg P \vee (Q \wedge (\neg P \vee \neg Q))$$
$$= \neg P \vee (Q \wedge \neg P) = \neg P$$

主合取范式: $P \rightarrow (Q \wedge (\neg P \leftrightarrow Q)) = \vee_{0;1} = \wedge_{0;1}$
主析取范式: $P \rightarrow (Q \wedge (\neg P \leftrightarrow Q)) = \neg P = \vee_{0;1}$

在 $\begin{cases} P=F \\ Q=T \end{cases}, \begin{cases} P=F \\ Q=F \end{cases}$ 两种解释下该式为真.

(8) $(P \rightarrow Q) \vee (Q \wedge P) \leftrightarrow (Q \leftrightarrow \neg P)$
   合取范式: $(P \rightarrow Q) \vee (Q \wedge P) \leftrightarrow (Q \leftrightarrow \neg P) = \neg P \vee Q$

析取范式：

$$(P \to Q) \lor (Q \land P) \leftrightarrow (Q \leftrightarrow \neg P)$$
$$= (P \to Q) \lor (Q \land P) \leftrightarrow (Q \leftrightarrow \neg P)$$
$$= (\neg P \lor Q) \lor ((Q \land P) \land (\neg Q \lor \neg P) \land (Q \lor P))$$
$$\quad \lor (\neg (Q \land P) \land \neg ((Q \land \neg P) \lor (\neg Q \land P)))$$
$$= \neg P \lor Q \lor (Q \land P \land (\neg Q \lor \neg P)) \lor ((\neg Q \lor \neg P)$$
$$\quad \land (\neg Q \lor P) \land (Q \lor \neg P))$$
$$= \neg P \lor Q \lor ((\neg Q \lor \neg P) \land (\neg Q \lor P) \land (Q \lor \neg P))$$
$$= \neg P \lor Q$$

主合取范式：$(P \to Q) \lor (Q \land P) \leftrightarrow (Q \leftrightarrow \neg P) = \neg P \lor Q = \wedge_1$

主析取范式：$(P \to Q) \lor (Q \land P) \leftrightarrow (Q \leftrightarrow \neg P) = \wedge_1 = \vee_{0,1,3}$

在 $\begin{cases} P=T \\ Q=T \end{cases}$, $\begin{cases} P=F \\ Q=T \end{cases}$, $\begin{cases} P=F \\ Q=F \end{cases}$ 三种解释下该式为真.

注意：合取范式和析取范式不唯一.

6. 分别以 $A \to B$ 永真，$A \land \neg B$ 永假以及解释法来证明下列各重言蕴涵式 $A \Rightarrow B$.

(1) $(P \land Q) \Rightarrow (P \to Q)$

(2) $(P \to (Q \to R)) \Rightarrow (P \to Q) \to (P \to R)$

(3) $(P \to Q) \land \neg Q \Rightarrow \neg P$

(4) $(P \land Q) \to R \Rightarrow P \to (Q \to R)$

证明：

(1)

① $A \to B$ 永真法

$$(P \land Q) \to (P \to Q)$$
$$= \neg (P \land Q) \lor (\neg P \lor Q) = (\neg P \lor \neg Q) \lor (\neg P \lor Q)$$
$$= \neg P \lor \neg Q \lor \neg P \lor Q = T$$

② $A \land \neg B$ 永假法

$(P \land Q) \land \neg (P \to Q) = (P \land Q) \land (P \land \neg Q) = P \land Q \land P \land \neg Q = F$

③ 解释法

设 $P \land Q = T$，从而有 $P = T, Q = T$

因此，$P \to Q = T$，故该蕴涵式成立.

(2)

① $A \to B$ 永真法

$$(P \to (Q \to R)) \to ((P \to Q) \to (P \to R))$$
$$= (P \to (Q \to R)) \to (P \to (Q \to R))$$
$$= T$$

② $A \land \neg B$ 永假法

$$(P \to (Q \to R)) \land \neg ((P \to Q) \to (P \to R))$$
$$= (P \to (Q \to R)) \land \neg (P \to (Q \to R)) = F$$

③ 解释法

设 $P \to (Q \to R) = T$,

一方面,若 $P=T$,必有 $Q \to R = T$,

若 $Q=T$,必有 $R=T$,

从而 $P \to Q = T, P \to R = T$,

因此,$(P \to Q) \to (P \to R) = T$.

若 $Q=F$,则 $P \to Q = F$,

因此,$(P \to Q) \to (P \to R) = T$.

另一方面,若 $P=F$,则 $P \to Q = T, P \to R = T$,

因此,$(P \to Q) \to (P \to R) = T$.

故该蕴涵式成立.

(3)

① $A \to B$ 永真法

$(P \to Q) \wedge \neg Q \to \neg P = \neg((\neg P \vee Q) \wedge \neg Q) \vee \neg P = (P \wedge \neg Q) \vee Q \vee \neg P$
$\qquad\qquad\qquad\qquad\qquad = P \vee Q \vee \neg P = T$

② $A \wedge \neg B$ 永假法

$(P \to Q) \wedge \neg Q \wedge \neg(\neg P) = (\neg P \vee Q) \wedge \neg Q \wedge P = \neg P \wedge \neg Q \wedge P = F$

③ 解释法

设 $(P \to Q) \wedge \neg Q = T$,从而有 $P \to Q = T, Q = F$

故 $P = F$,因此 $\neg P = T$.故该蕴涵式成立.

(4)

① $A \to B$ 永真法

$$(P \wedge Q) \to R \to (P \to (Q \to R))$$
$$= (\neg(P \wedge Q) \vee R) \to (P \to (\neg Q \vee R))$$
$$= (\neg P \vee \neg Q \vee R) \to (\neg P \vee \neg Q \vee R)$$
$$= T$$

② $A \wedge \neg B$ 永假法

$$(P \wedge Q) \to R \wedge \neg(P \to (Q \to R))$$
$$= (\neg(P \wedge Q) \vee R) \wedge \neg(P \to (\neg Q \vee R))$$
$$= (\neg P \vee \neg Q \vee R) \wedge \neg(\neg P \vee \neg Q \vee R)$$
$$= F$$

③ 解释法

设 $(P \wedge Q) \to R = T$,

若 $R=T$,则 $Q \to R = T$,从而 $P \to (Q \to R) = T$.

若 $R=F$,则 $P \wedge Q = F$,

若 $P=F$,则 $P \to (Q \to R) = T$.

若 $Q=F$,则 $Q \to R = T$,从而 $P \to (Q \to R) = T$.

故该蕴涵式成立.

7. 判断下列推理式是否正确？

(1) $(P \to Q) \Rightarrow ((P \wedge R) \to Q)$
(2) $(P \to Q) \Rightarrow (P \to (Q \vee R))$
(3) $P \Rightarrow \neg P \vee Q$
(4) $(P \vee Q) \wedge (P \to Q) \Rightarrow (Q \to P)$
(5) $P \Rightarrow (\neg Q \wedge P) \to R$
(6) $(P \to Q) \wedge (Q \to P) \Rightarrow P \vee Q$
(7) $(P \vee Q) \to (P \vee \neg Q) \Rightarrow \neg P \vee Q$
(8) $(P \wedge Q) \vee (P \to Q) \Rightarrow P \to Q$
(9) $(P \wedge Q) \to R \Rightarrow (P \to R) \wedge (Q \to R)$
(10) $((P \wedge Q) \to R) \wedge ((P \vee Q) \to \neg R) \Rightarrow P \wedge Q \wedge R$
(11) $P \to Q \Rightarrow (P \to R) \to (Q \to R)$
(12) $(P \vee Q \vee R) \Rightarrow \neg P \to ((Q \vee R) \wedge \neg P)$
(13) $\neg (P \to Q) \wedge (Q \to P) \Rightarrow P \wedge \neg Q$
(14) $(P \to Q) \to (Q \to R) \Rightarrow (R \to P) \to (Q \to P)$
(15) $(P \to Q) \wedge (R \to Q) \wedge (S \to Q) \Rightarrow (P \wedge R \wedge \neg S \to Q)$

证明：

(1) 正确
$$(P \to Q) \to ((P \wedge R) \to Q)$$
$$= (P \to Q) \to (R \to (P \to Q)) = R \to ((P \to Q) \to (P \to Q))$$
$$= R \to T = T$$

(2) 正确
$$(P \to Q) \to (P \to (Q \vee R))$$
$$= (P \to Q) \to (\neg P \vee (Q \vee R)) = (P \to Q) \to ((P \to Q) \vee R)$$
$$= T$$

(3) 不正确
$$P \to (\neg P \vee Q) = P \to (P \to Q) = P \to Q \neq T$$

(4) 不正确
$$((P \vee Q) \wedge (P \to Q)) \to (Q \to P) = (\neg P \wedge \neg Q) \vee (P \wedge \neg Q) \vee (\neg Q \vee P)$$
$$= P \vee \neg Q \neq T$$

(5) 不正确
$$P \to ((\neg Q \wedge P) \to R) = \neg P \vee (\neg (\neg Q \wedge P) \vee R) = \neg P \vee Q \vee R \neq T$$

(6) 不正确
$$((P \to Q) \wedge (Q \to P)) \to (P \vee Q)$$
$$= \neg ((\neg P \vee Q) \wedge (\neg Q \vee P)) \vee (P \vee Q)$$
$$= (P \wedge \neg Q) \vee (Q \wedge \neg P) \vee P \vee Q$$
$$= P \vee Q \neq T$$

(7) 不正确

$$((P \vee Q) \to (P \vee \neg Q)) \to (\neg P \vee Q)$$
$$= \neg(\neg(P \vee Q) \vee (P \vee \neg Q)) \vee (\neg P \vee Q)$$
$$= (P \vee Q) \wedge (\neg P \wedge Q) \vee (\neg P \vee Q)$$
$$= (\neg P \wedge Q) \vee \neg P \vee Q$$
$$= \neg P \vee Q \neq T$$

(8) 正确
$$((P \wedge Q) \vee (P \to Q)) \to (P \to Q)$$
$$= ((P \wedge Q) \vee (\neg P \vee Q) \wedge P) \to Q = ((P \wedge Q) \vee \neg P \vee Q \vee P) \to Q$$
$$= (P \wedge Q) \to Q = T$$

(9) 不正确
$$(P \wedge Q \to R) \to ((P \to R) \wedge (Q \to R)) = ((P \wedge Q) \to R) \to ((P \vee Q) \to R)$$
 当 $P=T, Q=F, R=F$, 有 $(P \wedge Q) \to R = T, (P \vee Q) \to R = F$.
 因此, 上式不永真.

(10) 不正确
$$(((P \wedge Q) \to R) \wedge ((P \vee Q) \to \neg R)) \to (P \wedge Q \wedge R)$$
$$= \neg((\neg(P \wedge Q) \vee R) \wedge (\neg(P \vee Q) \vee \neg R)) \vee (P \wedge Q \wedge R)$$
$$= (P \wedge Q \wedge \neg R) \vee (P \wedge R) \vee (Q \wedge R) \vee (P \wedge Q \wedge R)$$
$$= (P \wedge Q \wedge \neg R) \vee (P \wedge R) \vee (Q \wedge R)$$
$$= P \wedge (Q \vee R) \vee (Q \wedge R)$$
 当 $P=F, Q=F$, 上式为 F, 不永真.

(11) 不正确
$$(P \to Q) \to ((P \to R) \to (Q \to R))$$
$$= \neg(\neg P \vee Q) \vee (Q \to ((P \to R) \to R))$$
$$= (P \wedge \neg Q) \vee \neg Q \vee P \vee R$$
$$= P \vee \neg Q \vee R \neq T$$

(12) 正确
$$(P \vee Q \vee R) \to (\neg P \to ((Q \vee R) \wedge \neg P))$$
$$= (P \vee Q \vee R) \to (P \vee ((Q \vee R) \wedge \neg P))$$
$$= (P \vee Q \vee R) \to (P \vee Q \vee R)$$
$$= T$$

(13) 正确
$$(\neg(P \to Q) \wedge (Q \to P)) \to (P \wedge \neg Q)$$
$$= (P \wedge \neg Q \wedge (\neg Q \vee P)) \to (P \wedge \neg Q) = (P \wedge \neg Q) \to (P \wedge \neg Q)$$
$$= T$$

(14) 正确
$$((P \to Q) \to (Q \to R)) \to ((R \to P) \to (Q \to P))$$
$$= (\neg(\neg P \vee Q) \vee (\neg Q \vee R)) \to (\neg(\neg R \vee P) \vee (\neg Q \vee P))$$
$$= ((P \wedge \neg Q) \vee \neg Q \vee R) \to ((R \wedge \neg P) \vee \neg Q \vee P)$$
$$= (\neg Q \vee R) \to (\neg Q \vee R \vee P) = T$$

(15) 正确
$$((P \rightarrow Q) \land (R \rightarrow Q) \land (S \rightarrow Q)) \rightarrow (P \land R \land \neg S \rightarrow Q)$$
$$= ((P \lor R \lor S) \rightarrow Q) \rightarrow (P \land R \land \neg S \rightarrow Q)$$
$$= (\neg(P \lor R \lor S) \lor Q) \rightarrow (\neg(P \land R \land \neg S) \lor Q)$$
$$= ((P \lor R \lor S) \land \neg Q) \lor \neg P \lor \neg R \lor S \lor Q$$
$$= (P \lor R \lor S \lor Q) \lor \neg P \lor \neg R \lor S$$
$$= T$$

8. 使用推理规则证明

(1) $P \lor Q, P \rightarrow S, Q \rightarrow R \Rightarrow S \lor R$

(2) $\neg P \lor Q, \neg Q \lor R, R \rightarrow S \Rightarrow P \rightarrow S$

(3) $P \rightarrow (Q \rightarrow R), \neg S \lor P, Q \Rightarrow S \rightarrow R$

(4) $P \lor Q \rightarrow R \land S, S \lor E \rightarrow U \Rightarrow P \rightarrow U$

(5) $\neg R \lor S, S \rightarrow Q, \neg Q \Rightarrow Q \leftrightarrow R$

(6) $\neg Q \lor S, (E \rightarrow \neg U) \rightarrow \neg S \Rightarrow Q \rightarrow E$

证明：

(1) $P \lor Q, P \rightarrow S, Q \rightarrow R \Rightarrow S \lor R$

① $P \lor Q$ 前提引入
② $\neg P \rightarrow Q$ ①置换
③ $Q \rightarrow R$ 前提引入
④ $\neg P \rightarrow R$ ②③三段论
⑤ $\neg R \rightarrow P$ ④置换
⑥ $P \rightarrow S$ 前提引入
⑦ $\neg R \rightarrow S$ ⑤⑥三段论
⑧ $S \lor R$ ⑦置换

(2) $\neg P \lor Q, \neg Q \lor R, R \rightarrow S \Rightarrow P \rightarrow S$

① $\neg P \lor Q$ 前提引入
② $P \rightarrow Q$ ①置换
③ $\neg Q \lor R$ 前提引入
④ $Q \rightarrow R$ ③置换
⑤ $P \rightarrow R$ ②④三段论
⑥ $R \rightarrow S$ 前提引入
⑦ $P \rightarrow S$ ⑤⑥三段论

(3) $P \rightarrow (Q \rightarrow R), \neg S \lor P, Q \Rightarrow S \rightarrow R$

① $P \rightarrow (Q \rightarrow R)$ 前提引入
② $Q \rightarrow (P \rightarrow R)$ ①置换
③ Q 前提引入
④ $P \rightarrow R$ ②③分离
⑤ $\neg S \lor P$ 前提引入

77

⑥ $S \to P$	⑤置换
⑦ $S \to R$	④⑥三段论

(4) $P \lor Q \to R \land S, S \lor E \to U \Rightarrow P \to U$

① $P \lor Q \to R \land S$	前提引入
② P	附加前提引入
③ $R \land S$	①②分离
④ S	③
⑤ $S \lor E \to U$	前提引入
⑥ U	④⑤分离
⑦ $P \to U$	条件证明规则

(5) $\neg R \lor S, S \to Q, \neg Q \Rightarrow Q \leftrightarrow R$

① $S \to Q$	前提引入
② $\neg Q \to \neg S$	①置换
③ $\neg Q$	前提引入
④ $\neg S$	②③分离
⑤ $\neg R \lor S$	前提引入
⑥ $\neg S \to \neg R$	⑤置换
⑦ $\neg R$	④⑥分离
⑧ $Q \leftrightarrow R$	④⑦

(6) $\neg Q \lor S, (E \to \neg U) \to \neg S \Rightarrow Q \to E$

① $\neg Q \lor S$	前提引入
② $Q \to S$	①置换
③ $(E \to \neg U) \to \neg S$	前提引入
④ $S \to (E \land U)$	③置换
⑤ $Q \to (E \land U)$	②④三段论
⑥ Q	附加前提引入
⑦ $E \land U$	⑤⑥分离
⑧ E	⑦
⑨ $Q \to E$	条件证明规则

9. 证明下列推理关系

(1) 在大城市球赛中,如果北京队第三,那么如果上海队第二,那么天津队第四.沈阳队不是第一或北京队第三.上海队第二.从而知,如果沈阳队第一,那么天津队第四.

(2) 如果国家不对农产品给予补贴,那么国家就要对农产品进行控制.如果对农产品进行控制,农产品就不会短缺.或者农产品短缺或农产品过剩.事实上农产品不过剩.从而国家对农产品给予了补贴.

证明:

(1) 令 P:北京队第三

　　　Q:上海队第二

R:天津队第四

　　S:沈阳队第一.

即证 $P\to(Q\to R),\neg S\vee P,Q\Rightarrow S\to R$

① $P\to(Q\to R)$　　　　　前提引入
② $Q\to(P\to R)$　　　　　①置换
③ Q　　　　　　　　　　前提引入
④ $P\to R$　　　　　　　　②③分离
⑤ $\neg S\vee P$　　　　　　前提引入
⑥ $S\to P$　　　　　　　　⑤置换
⑦ $S\to R$　　　　　　　　④⑥三段论

(2) 方法一:

令 P:国家对农产品给予补贴

　Q:国家就要对农产品进行控制

　R:农产品短缺

　S:农产品过剩.

证 $\neg P\to Q,Q\to\neg R,(R\wedge\neg S)\vee(\neg R\wedge S),\neg S\Rightarrow P$

即证 $\neg P\to Q,Q\to\neg R,R\vee S,\neg R\vee\neg S,\neg S\Rightarrow P$

① $\neg P\to Q$　　　　　　前提引入
② $Q\to\neg R$　　　　　　前提引入
③ $\neg P\to\neg R$　　　　　①②三段论
④ $R\to P$　　　　　　　　③置换
⑤ $R\vee S$　　　　　　　　前提引入
⑥ $\neg S\to R$　　　　　　⑤置换
⑦ $\neg S\to P$　　　　　　④⑥三段论
⑧ $\neg S$　　　　　　　　　前提引入
⑨ P　　　　　　　　　　⑦⑧分离

方法二:

令 P:国家对农产品给予补贴

　Q:国家就要对农产品进行控制

　R:农产品短缺.

即证 $\neg P\to Q,Q\to\neg R,\ R\Rightarrow P$

① $\neg P\to Q$　　　　　　前提引入
② $Q\to\neg R$　　　　　　前提引入
③ $\neg P\to\neg R$　　　　　①②三段论
④ $R\to P$　　　　　　　　③置换
⑤ R　　　　　　　　　　前提引入
⑥ P　　　　　　　　　　④⑤分离

10. 如果合同是有效的,那么张三应受罚. 如果张三应受罚,他将破产. 如果银行给张三贷款,他就不会破产.事实上,合同有效并且银行给张三贷款了.验证这些前提是否有矛盾.

证明:令 P:合同有效
   Q:张三应受罚
   R:张三破产
   S:银行给张三贷款

即前提为: $P\to Q, Q\to R, S\to\neg R, P\land S$

① $P\to Q$ 前提引入
② $Q\to R$ 前提引入
③ $P\to R$ ①②三段论
④ $S\to\neg R$ 前提引入
⑤ $R\to\neg S$ ④置换
⑥ $P\to\neg S$ ③⑤三段论
⑦ $\neg(P\land S)$ ⑥置换
⑧ $P\land S$ 前提引入
⑨ $(\neg(P\land S))\land(P\land S)$ ⑦⑧
⑩ 矛盾   ⑨

11. 若 $P_i\to Q_i (i=1,\cdots,n)$ 为真.
$P_1\lor P_2\lor\cdots\lor P_n$ 和 $\neg(Q_i\land Q_j)\ (i\neq j)$ 也为真.
试证明必有 $Q_i\to P_i (i=1,\cdots,n)$ 为真.

证明:(1) 推理法:

即证 $P_i\to Q_i|_{i=1,\cdots,n}, P_1\lor P_2\lor\cdots\lor P_n, \neg(Q_i\land Q_j)|_{i\neq j}\Rightarrow Q_i\to P_i|_{i=1,\cdots,n}$

① $\neg(Q_i\land Q_j)|_{i\neq j}$ 前提引入
② $Q_i\to\neg Q_j|_{i\neq j}$ ①置换
③ $P_j\to Q_j|_{i\neq j}$ 前提引入
④ $\neg Q_j\to\neg P_j|_{i\neq j}$ ③置换
⑤ $Q_i\to\neg P_j|_{i\neq j}$ ②④三段论
⑥ Q_i 附加前提引入
⑦ $\neg P_j|_{i\neq j}$ ⑤⑥分离
⑧ $\neg P_1\land\cdots\land\neg P_{i-1}\land\neg P_{i+1}\land\cdots\land\neg P_n$ ⑦
⑨ $\neg(P_1\lor\cdots\lor P_{i-1}\lor P_{i+1}\lor\cdots\lor P_n)$ ⑧置换
⑩ $P_1\lor P_2\lor\cdots\lor P_n$ 前提引入
⑪ $\neg(P_1\lor\cdots\lor P_{i-1}\lor P_{i+1}\lor\cdots\lor P_n)\to P_i$ ⑩置换
⑫ P_i ⑨⑪分离
⑬ $Q_i\to P_i$ 条件证明规则

(2) 归结法:

先将 $(P_i\to Q_i|_{i=1,\cdots,n})\land(P_1\lor P_2\lor\cdots\lor P_n)\land(\neg(Q_i\land Q_j)|_{i\neq j})\land(\neg(Q_i\to P_i)|_{i=1,\cdots,n})$
化为合取范式得,
   $(\neg P_i\lor Q_i)\land(P_1\lor P_2\lor\cdots\lor P_n)\land(\neg Q_i\lor\neg Q_j)\land(Q_i\land\neg P_i)$

$$i=1,\cdots,n, i\neq j$$

建立子句集

$S=\{\neg P_i \vee Q_i, P_1 \vee P_2 \vee \cdots \vee P_n, \neg Q_i \vee \neg Q_j, Q_i, \neg P_i\}$ $i=1,\cdots,n, i\neq j$

归结过程：

① $\neg P_i \vee Q_i$

② $P_1 \vee P_2 \vee \cdots \vee P_n$

③ $\neg Q_i \vee \neg Q_j$

④ Q_i

⑤ $\neg P_i$

⑥ $\neg P_i \vee \neg Q_j$ ①③归结

⑦ $P_1 \vee \cdots \vee P_{i-1} \vee P_{i+1} \vee \cdots \vee P_n \vee \neg Q_j$ ②⑥归结

⑧ $P_j \vee \neg Q_j$ 重复上述操作

⑨ P_i ④⑧归结

⑩ □   ⑤⑨归结

12. 利用归结法证明

(1) $(P \vee Q) \wedge (P \rightarrow R) \wedge (Q \rightarrow R) \Rightarrow R$

(2) $(S \rightarrow \neg Q) \wedge (P \rightarrow Q) \wedge (R \vee S) \wedge (R \rightarrow \neg Q) \Rightarrow \neg P$

(3) $\neg (P \wedge \neg Q) \wedge (\neg Q \vee R) \wedge \neg R \Rightarrow \neg P$

证明：

(1) 先将 $(P \vee Q) \wedge (P \rightarrow R) \wedge (Q \rightarrow R) \wedge \neg R$ 化成合取范式得

$$(P \vee Q) \wedge (\neg P \vee R) \wedge (\neg Q \vee R) \wedge \neg R$$

建立子句集 $S=\{P \vee Q, \neg P \vee R, \neg Q \vee R, \neg R\}$

归结过程：

① $P \vee Q$

② $\neg P \vee R$

③ $\neg Q \vee R$

④ $\neg R$

⑤ $Q \vee R$ ①②归结

⑥ R ③⑤归结

⑦ □   ④⑥归结

(2) 先将 $(S \rightarrow \neg Q) \wedge (P \rightarrow Q) \wedge (R \vee S) \wedge (R \rightarrow \neg Q) \wedge \neg \neg P$ 化成合取范式得

$$(\neg S \vee \neg Q) \wedge (\neg P \vee Q) \wedge (R \vee S) \wedge (\neg R \vee \neg Q) \wedge P$$

建立子句集 $S=\{\neg S \vee \neg Q, \neg P \vee Q, R \vee S, \neg R \vee \neg Q, P\}$

归结过程：

① $\neg S \vee \neg Q$

② $\neg P \vee Q$

③ $R \vee S$

④ $\neg R \vee \neg Q$

⑤ P
⑥ $R \vee \neg Q$　　①③归结
⑦ $\neg Q$　　　　④⑥归结
⑧ $\neg P$　　　　②⑦归结
⑨ □　　　　　　⑤⑧归结

(3) 先将 $\neg(P \wedge \neg Q) \wedge (\neg Q \vee R) \wedge \neg R \wedge \neg \neg P$ 化成合取范式得
$$(\neg P \vee Q) \wedge (\neg Q \vee R) \wedge \neg R \wedge P$$

建立子句集　$S = \{\neg P \vee Q, \neg Q \vee R, \neg R, P\}$

归结过程：
① $\neg P \vee Q$
② $\neg Q \vee R$
③ $\neg R$
④ P
⑤ Q　　　　①④归结
⑥ R　　　　②⑤归结
⑦ □　　　　③⑥归结

第3章 习题解答

1. 依公理系统证明

(1) ⊢¬$(P \land Q) \to (\neg P \lor \neg Q)$

(2) ⊢$(\neg P \lor \neg Q) \to \neg(P \land Q)$

(3) ⊢$P \to (Q \lor P)$

(4) ⊢$Q \to (P \to Q)$

证明：

(1)

① ⊢¬¬$P \to P$　　　　　　　　　　　　定理 3.2.6

② ⊢¬¬$(\neg P \lor \neg Q) \to (\neg P \lor \neg Q)$　　① 代入 $\dfrac{P}{\neg P \lor \neg Q}$

③ ⊢¬$(P \land Q) \to (\neg P \lor \neg Q)$　　② 定义 2

(2)

① ⊢$P \to \neg\neg P$　　　　　　　　　　　定理 3.2.5

② ⊢$(\neg P \lor \neg Q) \to \neg\neg(\neg P \lor \neg Q)$　　① 代入 $\dfrac{P}{\neg P \lor \neg Q}$

③ ⊢$(\neg P \lor \neg Q) \to \neg(P \land Q)$　　② 定义 2

(3)

① ⊢$(Q \to R) \to (P \to Q) \to (P \to R)$　　定理 3.2.1

② ⊢$((P \lor Q) \to (Q \lor P)) \to (P \to (P \lor Q)) \to (P \to (Q \lor P))$

　　　　　　　　　　　　　　　　　　① 代入 $\dfrac{Q}{P \lor Q}, \dfrac{R}{Q \lor P}$

③ ⊢$(P \lor Q) \to (Q \lor P)$　　　　　　　公理 3

④ ⊢$(P \to (P \lor Q)) \to (P \to (Q \lor P))$　　②③分离

⑤ ⊢$P \to (P \lor Q)$　　　　　　　　　　公理 2

⑥ ⊢$P \to (Q \lor P)$　　　　　　　　　　④⑤分离

(4)

① ⊢$P \to (Q \lor P)$　　　　　　　　　　上题结论

② ⊢$Q \to (\neg P \lor Q)$　　　　　　　　① 代入 $\dfrac{P}{Q}, \dfrac{Q}{\neg P}$

③ ⊢$Q \to (P \to Q)$　　　　　　　　　② 定义 1

2. 依王浩算法判断下述蕴涵式是否正确

(1) $\neg Q \land (P \to Q) \Rightarrow \neg P$

(2) $(P \to Q) \land (R \to S) \land (\neg Q \lor \neg S) \Rightarrow \neg P \lor \neg R$

(3) $\neg(P \land Q) \Rightarrow \neg P \lor \neg Q$

证明：

(1)

① $\neg Q \wedge (P \to Q) \overset{s}{\Rightarrow} \neg P$ （写成相继式）

② $\neg Q, P \to Q \overset{s}{\Rightarrow} \neg P$ （$\wedge \Rightarrow$）

③ $P \to Q \overset{s}{\Rightarrow} \neg P, Q$ （$\neg \Rightarrow$）

④ $Q \overset{s}{\Rightarrow} \neg P, Q$ 而且

$\overset{s}{\Rightarrow} \neg P, Q, P$ （$\to \Rightarrow$）

⑤ $P, Q \overset{s}{\Rightarrow} Q$ 而且

$P \overset{s}{\Rightarrow} Q, P$ （$\Rightarrow \neg$）

由⑤中的两个相继式均已无联结词，而且在$\overset{s}{\Rightarrow}$的两端都有共同命题变项，从而都是公理. 定理得证.

(2)

① $(P \to Q) \wedge (R \to S) \wedge (\neg Q \vee \neg S) \overset{s}{\Rightarrow} \neg P \vee \neg R$ （写成相继式）

② $P \to Q, R \to S, \neg Q \vee \neg S \overset{s}{\Rightarrow} \neg P, \neg R$ （$\wedge \Rightarrow$）

③′ $P \to Q, R \to S, \neg Q \overset{s}{\Rightarrow} \neg P, \neg R$

③″ $P \to Q, R \to S, \neg S \overset{s}{\Rightarrow} \neg P, \neg R$ （$\vee \Rightarrow$）

④′ $P \to Q, S, \neg Q \overset{s}{\Rightarrow} \neg P, \neg R$

④″ $P \to Q, \neg Q \overset{s}{\Rightarrow} \neg P, \neg R, R$ （③′$\to \Rightarrow$）

⑤′ $P \to Q, S, \neg S \overset{s}{\Rightarrow} \neg P, \neg R$

⑤″ $P \to Q, \neg S \overset{s}{\Rightarrow} \neg P, \neg R, R$ （③″$\to \Rightarrow$）

⑥′ $Q, S, \neg Q \overset{s}{\Rightarrow} \neg P, \neg R$

⑥″ $S, \neg Q \overset{s}{\Rightarrow} \neg P, \neg R, P$ （④′$\to \Rightarrow$）

⑦′ $Q, \neg Q \overset{s}{\Rightarrow} \neg P, \neg R, R$

⑦″ $\neg Q \overset{s}{\Rightarrow} \neg P, \neg R, R, P$ （④″$\to \Rightarrow$）

⑧′ $Q, S, \neg S \overset{s}{\Rightarrow} \neg P, \neg R$

⑧″ $S, \neg S \overset{s}{\Rightarrow} \neg P, \neg R, P$ （⑤′$\to \Rightarrow$）

⑨′ $Q, \neg S \overset{s}{\Rightarrow} \neg P, \neg R, R$

⑨″ $\neg S \overset{s}{\Rightarrow} \neg P, \neg R, R, P$ （⑤″$\to \Rightarrow$）

⑩′ $Q, S \overset{s}{\Rightarrow} \neg P, \neg R, Q$ （⑥′$\neg \Rightarrow$）

⑩″ $S \overset{s}{\Rightarrow} \neg P, \neg R, P, Q$ （⑥″$\neg \Rightarrow$）

⑪′ $Q \overset{s}{\Rightarrow} \neg P, \neg R, R, Q$ （⑦′$\neg \Rightarrow$）

⑪″ $\overset{s}{\Rightarrow} \neg P, \neg R, R, P, Q$ （⑦″$\neg \Rightarrow$）

⑫′ $Q, S \overset{s}{\Rightarrow} \neg P, \neg R, S$ （⑧′$\neg \Rightarrow$）

⑫″ $S \overset{s}{\Rightarrow} \neg P, \neg R, P, S$ (⑧″¬⇒)

⑬′ $Q \overset{s}{\Rightarrow} \neg P, \neg R, R, S$ (⑨′¬⇒)

⑬″ $\overset{s}{\Rightarrow} \neg P, \neg R, R, P, S$ (⑨″¬⇒)

⑭′ $P, R, Q, S \overset{s}{\Rightarrow} Q$ (⑩′⇒¬)

⑭″ $P, R, S \overset{s}{\Rightarrow} P, Q$ (⑩″⇒¬)

⑮′ $P, R, Q \overset{s}{\Rightarrow} R, Q$ (⑪′⇒¬)

⑮″ $P, R \overset{s}{\Rightarrow} R, P, Q$ (⑪″⇒¬)

⑯′ $P, R, Q, S \overset{s}{\Rightarrow} S$ (⑫′⇒¬)

⑯″ $P, R, S \overset{s}{\Rightarrow} P, S$ (⑫″⇒¬)

⑰′ $P, R, Q \overset{s}{\Rightarrow} R, S$ (⑬′⇒¬)

⑰″ $P, R \overset{s}{\Rightarrow} R, P, S$ (⑬″⇒¬)

⑩′~⑰″均为公理，从而定理成立.

(3)

① $\neg(P \wedge Q) \overset{s}{\Rightarrow} \neg P \vee \neg Q$ (写成相继式)

② $\overset{s}{\Rightarrow} \neg P, \neg Q, P \wedge Q$ (¬⇒)

③ $P, Q \overset{s}{\Rightarrow} P \wedge Q$ (⇒¬)

④′ $P, Q \overset{s}{\Rightarrow} P$

④″ $P, Q \overset{s}{\Rightarrow} Q$ (⇒∧)

④′④″均为公理，从而定理成立.

3. 依自然演绎系统证明

(1) $\neg A \vdash A \rightarrow B$

(2) $A \rightarrow B, \neg B \vdash \neg A$

(3) $A \rightarrow B, A \rightarrow \neg B \vdash \neg A$

(4) $\neg(A \rightarrow B) \vdash A$

证明：

(1)

① $\neg A, A, \neg B \vdash \neg A$ 规则1

② $\neg A, A, \neg B \vdash A$ 规则1

③ $\neg A, A \vdash B$ 规则3 和①②

④ $\neg A \vdash A \rightarrow B$ 规则5

(2)

① $A \rightarrow B, \neg B, A \vdash A$ 规则1

② $A \rightarrow B, \neg B, A \vdash A \rightarrow B$ 规则1

③ $A \rightarrow B, A \vdash B$ 规则4

④ $A \to B, \neg B, A \vdash B$　　　　　　　　规则 2 和①②③
⑤ $A \to B, \neg B, A \vdash \neg B$　　　　　　规则 1
⑥ $A \to B, \neg B \vdash A$　　　　　　　　规则 3 和④⑤

(3)
① $A \to B, A \to \neg B, A \vdash A \to B$　　　规则 1
② $A \to B, A \to \neg B, A \vdash A$　　　　　规则 1
③ $A \to B, A \vdash B$　　　　　　　　　　　规则 4
④ $A \to B, A \to \neg B, A \vdash B$　　　　　规则 2 和①②③
⑤ $A \to B, A \to \neg B, A \vdash A \to \neg B$　规则 1
⑥ $A \to \neg B, A \vdash \neg B$　　　　　　　　规则 4
⑦ $A \to B, A \to \neg B, A \vdash \neg B$　　　　规则 2 和②⑤⑥
⑧ $A \to B, A \to \neg B \vdash \neg A$　　　　　　规则 3 和①②

(4)
① $\neg(A \to B), \neg A \vdash \neg A$　　　　　　规则 1
② $\neg A \vdash A \to B$　　　　　　　　　　　题 3 中(1)结论
③ $\neg(A \to B), \neg A \vdash A \to B$　　　　　规则 2 和①②
④ $\neg(A \to B), \neg A \vdash \neg(A \to B)$　　　规则 1
⑤ $\neg(A \to B) \vdash A$　　　　　　　　　　规则 3 和③④

第4章 习题解答

1. 判断下列各式是否合式公式
(1) $P(x) \lor (\forall x)Q(x)$
(2) $(\forall x)(P(x) \land Q(x))$
(3) $(\exists x)(\forall x)P(x)$
(4) $(\exists x)P(y,z)$
(5) $(\forall x)(P(x) \to (\exists y)Q(x,y))$
(6) $(\forall x)(P(x) \land R(x) \to ((\forall x)P(x) \land Q(x))$
(7) $(\forall x)(P(x) \leftrightarrow Q(x)) \land (\exists x)R(x) \land S(x)$
(8) $(\exists x)((\forall y)P(y) \to Q(x,y))$
(9) $(\exists x)(\exists y)(P(x,y,z) \to S(u,v))$
(10) $(\forall x)P(x,y) \land Q(z)$

解：

(2),(5),(9),(10)是合式公式.

(1),(3),(4),(6),(7),(8)不是合式公式

2. 作如何的具体设定下列公式方为命题
(1) $(\forall x)(P(x) \lor Q(x)) \land r$
(2) $(\forall x)P(x) \land (\exists x)Q(x)$
(3) $(\forall x)(\exists y)P(x,f(y,a)) \land Q(z)$

解：

仅当谓词变项取定为某个谓词常项,并且个体词取定为个体常项时,上述公式方为命题.

3. 指出下列公式中的自由变元和约束变元,并指出各量词的辖域
(1) $(\forall x)(P(x) \land Q(x)) \to ((\forall x)R(x) \land Q(z))$
(2) $(\forall x)(P(x) \land (\exists y)Q(y)) \lor ((\forall x)P(x) \to Q(z))$
(3) $(\forall x)(P(x) \leftrightarrow Q(x)) \land (\exists y)R(y) \land S(z))$

解：

(1) z 为自由变元, x 为约束变元.

　　$(\forall x)(P(x) \land Q(x))$中, $P(x) \land Q(x)$是 x 的辖域.

　　$(\forall x)R(x) \land Q(z)$中, $R(x)$是 x 的辖域.

(2) z 为自由变元, x 和 y 为约束变元.

　　$(\forall x)(P(x) \land (\exists y)Q(y))$中, $P(x) \land (\exists y)Q(y)$是 x 的辖域.

　　$(\forall x)(P(x) \land (\exists y)Q(y))$中, $Q(y)$是 y 的辖域.

$(\forall x)P(x)\rightarrow Q(z)$中,$P(x)$是$x$的辖域.

(3) z为自由变元,x和y为约束变元.

$(\forall x)(P(x)\leftrightarrow Q(x))$中,$P(x)\leftrightarrow Q(x)$是$x$的辖域.

$(\exists y)R(y)\land S(z)$中,$R(y)$是$y$的辖域.

4. 求下列各式的真值

(1) $(\forall x)(P(x)\lor Q(x))$.论域为$\{1,2\}$,$P(x)$表$x=1$,$Q(x)$表$x=2$.

(2) $(\forall x)(P\rightarrow Q(x))\lor R(a)$.论域为$\{-2,1,2,3,5,6\}$,$P$表$2>1$,$Q(x)$表$x\leqslant 3$,$R(x)$表$x>5$,$a=3$.

(3) $(\exists x)(P(x)\rightarrow Q(x))$.论域为$\{0,1,2\}$,$P(x)$表$x>2$,$Q(x)$表$x=0$.

解:

(1) $P(1)=T$,$P(2)=F$,$Q(1)=F$,$Q(2)=T$

在这种解释下,$(\forall x)P(x)\lor Q(x)=T$.因为当$x=1$有$P(1)\lor Q(1)=T$,同理当$x=2$有$P(2)\lor Q(2)=T$.

(2) $Q(-2)=T$,$Q(1)=T$,$Q(2)=T$,$Q(3)=T$,$Q(5)=F$,$Q(6)=F$

在这种解释下,$(\forall x)(P\rightarrow Q(x))\lor R(a)=F$.因为对$x=5$有$(P\rightarrow Q(5))\lor R(3)=F$.

(3) $P(0)=F$,$P(1)=F$,$P(2)=F$,$Q(0)=T$,$Q(1)=F$,$Q(2)=F$

在这种解释下,$(\exists x)(P(x)\rightarrow Q(x))=T$.因为对$x=0$有$P(0)\rightarrow Q(0)=T$.

5. 将下列语句符号化

(1) 一切事物都是发展的.

(2) 凡有理数都可写成分数.

(3) 所有的油脂都不溶于水.

(4) 存在着会说话的机器人.

(5) 过平面上的两个点,有且仅有一条直线通过.

(6) 凡实数都能比较大小.

(7) 在北京工作的人未必都是北京人.

(8) 只有一个北京.

(9) 任何金属都可以溶解在某种液体里.

(10) 如果明天天气好,有些学生将去香山.

解:

(1) 若以$P(x)$表示x是事物,$Q(x)$表示x是发展的,那么这句话可以符号化为$(\forall x)(P(x)\rightarrow Q(x))$.

(2) 若以$P(x)$表示x是有理数,$Q(x)$表示x是分数,那么这句话可以符号化为$(\forall x)(P(x)\rightarrow Q(x))$.

(3) 若以$P(x)$表示x是油脂,$Q(x)$表示x溶于水,那么这句话可以符号化为$(\forall x)(P(x)\rightarrow \neg Q(x))$.

(4) 若以$P(x)$表示x是机器人,$Q(x)$表示x会说话,那么这句话可以符号化为$(\exists x)(P(x)\land Q(x))$.

(5) 若以 $P(x)$ 表示 x 是平面上的点，$Q(x,y,u)$ 表示 u 是过 x 和 y 的直线，$EP(x,y)$ 表示 x 和 y 为同一点，$EQ(u,v)$ 表示 u 和 v 为同一条直线，那么这句话可以符号化为
$(\forall x)(\forall y)\left(\begin{array}{l}P(x)\wedge P(y)\wedge\neg EP(x,y)\\ \rightarrow(\exists u)(Q(x,y,u)\wedge(\forall v)(Q(x,y,v)\rightarrow EQ(u,v)))\end{array}\right)$.

(6) 若以 $P(x)$ 表示 x 是实数，$Q(x,y)$ 表示 x 和 y 可比较大小，那么这句话可以符号化为 $(\forall x)(\forall y)(P(x)\wedge P(y)\rightarrow Q(x,y))$.

(7) 若以 $P(x)$ 表示 x 是在北京工作，$Q(x)$ 表示 x 是北京人，那么这句话可以符号化为 $(\exists x)(P(x)\wedge\neg Q(x))$ 或 $\neg(\forall x)(P(x)\rightarrow Q(x))$.

(8) 若以 $P(x)$ 表示 x 是北京，$E(x,y)$ 表示 x 和 y 是同一城市，那么这句话可以符号化为 $(\exists x)(P(x)\wedge(\forall y)(P(y)\rightarrow E(x,y)))$.

(9) 若以 $P(x)$ 表示 x 是金属，$Q(x)$ 表示 x 是液体，$R(x,y)$ 表示 x 可以溶解在 y 中，那么这句话可以符号化为 $(\forall x)(P(x)\rightarrow(\exists y)(Q(y)\wedge R(x,y)))$.

(10) 若以 r 表示明天天气好，$P(x)$ 表示 x 是学生，$Q(x)$ 表示 x 去香山，那么这句话可以符号化为 $r\rightarrow(\exists x)(P(x)\wedge Q(x))$.

6. 设 $P(x)$ 表示 x 是有理数，$Q(x)$ 表示 x 是实数，$R(x)$ 表示 x 是无理数，$I(x)$ 表示 x 是正整数，$S(x)$ 表示 x 是偶数，$W(x)$ 表示 x 是奇数，试将下列公式翻译成自然语句.

(1) $(\forall x)(P(x)\rightarrow Q(x))$
(2) $(\exists x)(P(x)\wedge Q(x))$
(3) $\neg(\forall x)(Q(x)\rightarrow P(x))$
(4) $(\forall x)(Q(x)\rightarrow P(x)\underline{\vee} R(x))$
(5) $(\forall x)(I(x)\rightarrow(P(x)\wedge Q(x)))$
(6) $(\forall x)(I(x)\rightarrow(S(x)\underline{\vee} W(x)))$
(7) $\neg(\exists x)(I(x)\wedge S(x)\wedge W(x))$
(8) $\neg(\exists x)(I(x)\wedge\neg S(x)\wedge\neg W(x))$
(9) $(\forall x)(I(x)\rightarrow P(x))\wedge\neg(\forall x)(P(x)\rightarrow I(x))$
(10) $R(\pi)\wedge R(e)$

解：
(1) 任何有理数都是实数.
(2) 有的实数是有理数.
(3) 并非所有的实数都是有理数.
(4) 任一实数，不是有理数就是无理数.
(5) 任一正整数，既是有理数又是实数.
(6) 任一正整数，不是奇数就是偶数.
(7) 不存在这样一个正整数，既是奇数又是偶数.
(8) 不存在这样一个正整数，既非奇数又非偶数.
(9) 任何正整数都是有理数，并非所有的有理数都是正整数.
(10) π 和 e 都是无理数.

7. 设个体域为$\{a,b,c\}$,试将下列公式写成命题逻辑公式
(1) $(\forall x)P(x)$
(2) $(\forall x)P(x) \land (\forall x)Q(x)$
(3) $(\forall x)P(x) \land (\exists x)Q(x)$
(4) $(\forall x)(P(x) \rightarrow Q(x))$
(5) $(\forall x)\neg P(x) \lor (\forall x)P(x)$
(6) $(\exists x)(\forall y)P(x,y)$
(7) $(\forall x)(\exists y)(P(x,y) \rightarrow Q(x,y))$
(8) $(\forall x)P(x) \rightarrow (\exists y)Q(y)$
(9) $(\exists x)(\exists y)P(x,y)$
(10) $(\forall y)((\exists x)P(x,y) \rightarrow (\forall x)Q(x,y))$

解:
(1) $P(a) \land P(b) \land P(c)$
(2) $(P(a) \land P(b) \land P(c)) \land (Q(a) \land Q(b) \land Q(c))$
(3) $(P(a) \land P(b) \land P(c)) \land (Q(a) \lor Q(b) \lor Q(c))$
(4) $(P(a) \rightarrow Q(a)) \land (P(b) \rightarrow Q(b)) \land (P(c) \rightarrow Q(c))$
(5) $(\neg P(a) \land \neg P(b) \land \neg P(c)) \lor (P(a) \land P(b) \land P(c))$
(6) $(P(a,a) \land P(a,b) \land P(a,c)) \lor (P(b,a) \land P(b,b) \land P(b,c)) \lor$
    $(P(c,a) \land P(c,b) \land P(c,c))$
(7) $(P(a,a) \rightarrow Q(a,a)) \lor (P(a,b) \rightarrow Q(a,b)) \lor (P(a,c) \rightarrow Q(a,c)) \land$
    $(P(b,a) \rightarrow Q(b,a)) \lor (P(b,b) \rightarrow Q(b,b)) \lor (P(b,c) \rightarrow Q(b,c)) \land$
    $(P(c,a) \rightarrow Q(c,a)) \lor (P(c,b) \rightarrow Q(c,b)) \lor (P(c,c) \rightarrow Q(c,c))$
(8) $P(a) \land P(b) \land P(c) \rightarrow Q(a) \lor Q(b) \lor Q(c)$
(9) $(P(a,a) \lor P(a,b) \lor P(a,c)) \lor (P(b,a) \lor P(b,b) \lor P(b,c)) \lor$
    $(P(c,a) \lor P(c,b) \lor P(c,c))$
(10) $(P(a,a) \lor P(b,a) \lor P(c,a) \rightarrow Q(a,a) \land Q(b,a) \land Q(c,a)) \land$
     $(P(a,b) \lor P(b,b) \lor P(c,b) \rightarrow Q(a,b) \land Q(b,b) \land Q(c,b)) \land$
     $(P(a,c) \lor P(b,c) \lor P(c,c) \rightarrow Q(a,c) \land Q(b,c) \land Q(c,c))$

8. 判断下列公式是普遍有效的,不可满足的还是可满足的?
(1) $(\forall x)P(x) \rightarrow P(y)$
(2) $(\exists x)(P(x) \land Q(x)) \rightarrow ((\exists x)P(x) \land (\exists x)Q(x))$
(3) $(\forall x)P(x)$
(4) $(\exists x)(P(x) \land \neg P(x))$
(5) $(\forall x)(P(x) \rightarrow Q(x))$
(6) $(\forall x)(P(x) \lor \neg P(x))$
(7) $((\exists x)P(x) \land (\exists x)Q(x)) \rightarrow (\exists x)(P(x) \land Q(x))$

解:
普遍有效: (1),(2),(6)

不可满足：(4)
可满足的：(3),(5),(7)

9. 给出一个公式,使其在{1,2}域上是可满足的,而在{1}域上是不可满足的.
解:
(1) $(\exists x)(\exists y)P(x,y)$,其中 $P(x,y)$ 表示 $x<y$.
(2) $(\exists x)P(x)\wedge(\exists y)\neg P(y)$,其中 $P(x)$ 表示 $x>1$.
(3) $(\exists x)P(x)$,其中 $P(x)$ 表示 $x>1$.

10. 设个体域为 $\{a,b\}$,并对 $P(x,y)$ 设定为 $P(a,a)=T,P(a,b)=F,P(b,a)=F,P(b,b)=T$ 计算下列公式的真值.
(1) $(\forall x)(\exists y)P(x,y)$
(2) $(\exists x)(\forall y)P(x,y)$
(3) $(\forall x)(\forall y)P(x,y)$
(4) $(\exists x)(\exists y)P(x,y)$
(5) $(\exists y)\neg P(a,y)$
(6) $(\forall x)P(x,x)$
(7) $(\forall x)(\forall y)(P(x,y)\rightarrow P(y,x))$
(8) $(\exists y)(\forall x)P(x,y)$

解:
(1) T
(2) F
(3) F
(4) T
(5) T
(6) T
(7) T
(8) F

第5章 习题解答

1. 证明下列等值式和蕴涵式

(1) $\neg(\exists x)(\exists y)(P(x) \land P(y) \land Q(x) \land Q(y) \land R(x,y))$
$= (\forall x)(\forall y)((P(x) \land P(y) \land Q(x) \land Q(y)) \to \neg R(x,y))$

(2) $\neg(\forall x)(\exists y)((P(x,y) \lor Q(x,y)) \land (R(x,y) \lor S(x,y)))$
$= (\exists x)(\forall y)(P(x,y) \lor Q(x,y)) \to (\neg R(x,y) \land \neg S(x,y))$

(3) $(\forall x)(P(x) \lor q) \to (\exists x)(P(x) \land q) = ((\exists x)\neg P(x) \land \neg q) \lor ((\exists x)P(x) \land q)$

(4) $(\forall y)(\exists x)((P(x) \to q) \lor S(y)) = ((\forall x)P(x) \to q) \lor (\forall y)S(y)$

(5) $(\forall x)P(x) \to q = (\exists x)(P(x) \to q)$

(6) $(\exists x)(P(x) \to Q(x)) = (\forall x)P(x) \to (\exists x)Q(x)$

(7) $(\exists x)P(x) \to (\forall x)Q(x) \Rightarrow (\forall x)(P(x) \to Q(x))$

(8) $(\exists x)P(x) \land (\forall x)Q(x) \Rightarrow (\exists x)(P(x) \land Q(x))$

(9) $((\forall x)P(x) \land (\forall x)Q(x) \land (\exists x)R(x)) \lor ((\forall x)P(x) \land (\forall x)Q(x) \land (\exists x)S(x))$
$= (\forall x)(P(x) \land Q(x)) \land (\exists x)(R(x) \lor S(x))$

(10) $(\exists z)(\exists y)(\exists x)(P(x,z) \to Q(x,z)) \lor (R(y,z) \to S(y,z))$
$= ((\forall z)(\forall x)P(x,z) \to (\exists z)(\exists x)Q(x,z)) \lor ((\forall z)(\forall y)R(y,z) \to (\exists z)(\exists y)S(y,z))$

证明:

(1)

$\neg(\exists x)(\exists y)(P(x) \land P(y) \land Q(x) \land Q(y) \land R(x,y))$
$= (\forall x)(\forall y)\neg(P(x) \land P(y) \land Q(x) \land Q(y) \land R(x,y))$
$= (\forall x)(\forall y)(\neg(P(x) \land P(y) \land Q(x) \land Q(y)) \lor \neg R(x,y))$
$= (\forall x)(\forall y)((P(x) \land P(y) \land Q(x) \land Q(y)) \to \neg R(x,y))$

(2)

$\neg(\forall x)(\exists y)(P(x,y) \lor Q(x,y)) \land (R(x,y) \lor S(x,y))$
$= (\forall x)(\exists y)\neg(P(x,y) \lor Q(x,y)) \lor \neg(R(x,y) \lor S(x,y))$
$= (\forall x)(\exists y)\neg(P(x,y) \lor Q(x,y)) \lor (\neg R(x,y) \land \neg S(x,y))$
$= (\exists x)(\forall y)(P(x,y) \lor Q(x,y)) \to (\neg R(x,y) \land \neg S(x,y))$

(3)

$(\forall x)(P(x) \lor q) \to (\exists x)(P(x) \land q)$
$= \neg(\forall x)(P(x) \lor q) \lor (\exists x)(P(x) \land q)$
$= (\exists x)\neg(P(x) \lor q) \lor (\exists x)(P(x) \land q)$
$= ((\exists x)\neg P(x) \land \neg q) \lor (\exists x)(P(x) \land q)$

(4)

$(\forall y)(\exists x)(P(x) \to q) \lor S(y)$

$$= (\exists x)(P(x) \to q) \lor (\forall y) S(y)$$
$$= ((\forall x) P(x) \to q) \lor (\forall y) S(y)$$

(5)
$$(\forall x)(P(x) \to q)$$
$$= (\exists x) P(x) \to q$$

(6)
$$(\exists x)(P(x) \to Q(x))$$
$$= (\exists x)(\neg P(x) \lor Q(x))$$
$$= \neg (\forall x) P(x) \lor (\exists x) Q(x)$$
$$= (\forall x) P(x) \to (\exists x) Q(x)$$

(7)
$$(\exists x) P(x) \to (\forall x) Q(x)$$
$$= \neg (\exists x) P(x) \lor (\forall x) Q(x)$$
$$= (\forall x) \neg P(x) \lor (\forall x) Q(x)$$
$$\Rightarrow (\forall x)(\neg P(x) \lor Q(x))$$
$$= (\forall x)(P(x) \to Q(x))$$

(8)
$$(\exists x) P(x) \land (\forall x) Q(x)$$
$$= (\exists x) P(x) \land (\forall y) Q(y)$$
$$= (\exists x)(P(x) \land (\forall y) Q(y))$$
$$\Rightarrow (\forall x)(P(x) \land Q(x))$$

(9)
$$((\forall x) P(x) \land (\forall x) Q(x) \land (\exists x) R(x)) \lor ((\forall x) P(x) \land (\forall x) Q(x) \land (\exists x) S(x))$$
$$= ((\forall x)(P(x) \land Q(x)) \land (\exists x) R(x)) \lor ((\forall x)(P(x) \lor Q(x)) \land (\exists x) S(x))$$
$$= (\forall x)(P(x) \land Q(x)) \land ((\exists x) R(x) \lor (\exists x) S(x))$$
$$= (\forall x)(P(x) \land Q(x)) \land (\exists x)(R(x) \lor S(x))$$

(10)
$$(\exists z)(\exists y)(\exists x)(P(x,z) \to Q(x,z)) \lor (R(y,z) \to S(y,z))$$
$$= (\exists z)(\exists x)(P(x,z) \to Q(x,z)) \lor (\exists z)(\exists y)(R(y,z) \to S(y,z))$$
$$= (\exists z)(\exists x)(\neg P(x,z) \lor Q(x,z)) \lor (\exists z)(\exists y)(\neg R(y,z) \lor S(y,z))$$
$$= ((\exists z)(\exists x) \neg P(x,z) \lor (\exists z)(\exists x) Q(x,z)) \lor ((\exists z)(\exists y) \neg R(y,z) \lor (\exists z)(\exists y) S(y,z))$$
$$= (\neg (\forall z)(\forall x) P(x,z) \lor (\exists z)(\exists x) Q(x,z)) \lor (\neg (\forall z)(\forall y) R(y,z) \lor (\exists z)(\exists y) S(y,z))$$
$$= ((\forall z)(\forall x) P(x,z) \to (\exists z)(\exists x) Q(x,z)) \lor ((\forall z)(\forall y) R(y,z) \to (\exists z)(\exists y) S(y,z))$$

2. 判断下列各公式哪些是普遍有效的并给出证明,不是普遍有效的举出反例.
(1) $(\exists x)(P(x) \leftrightarrow Q(x)) \to ((\exists x) P(x) \leftrightarrow (\exists x) Q(x))$

(2) $((\exists x)P(x) \leftrightarrow (\exists x)Q(x)) \to (\exists x)(P(x) \leftrightarrow Q(x))$
(3) $((\exists x)P(x) \to (\forall x)Q(x)) \to (\forall x)(P(x) \to Q(x))$
(4) $(\forall x)(P(x) \to Q(x)) \to ((\exists x)P(x) \to (\forall x)Q(x))$
(5) $((\exists x)P(x) \to (\exists x)Q(x)) \to (\exists x)(P(x) \to Q(x))$
(6) $(\forall x)(P(x) \lor Q(x)) \to ((\forall x)P(x) \lor (\forall x)Q(x))$
(7) $((\exists x)P(x) \land (\exists x)Q(x)) \to (\exists x)(P(x) \land Q(x))$
(8) $(\forall x)(\exists y)P(x,y) \to (\exists y)(\forall x)P(x,y)$

解：

(1) 不是普遍有效
　　在$\{1,2\}$域上分析,若$P(1)=P(2)=Q(1)=F, Q(2)=T$,该式为假.

(2) 不是普遍有效
　　在$\{1,2\}$域上分析,若$P(1)=Q(2)=F, P(2)=Q(1)=T$,该式为假.

(3) 普遍有效
$((\exists x)P(x) \to (\forall x)Q(x)) \to (\forall x)(P(x) \to Q(x))$
$= \neg (\exists x)P(x) \lor (\forall x)Q(x)) \to (\forall x)(\neg P(x) \lor Q(x))$
$= ((\forall x)\neg P(x) \lor (\forall x)Q(x)) \to (\forall x)(\neg P(x) \lor Q(x))$
$= T$

(4) 不是普遍有效
　　在$\{1,2\}$域上分析,若$P(1)=Q(1)=F, P(2)=Q(2)=T$,该式为假.

(5) 普遍有效
$((\exists x)P(x) \to (\exists x)Q(x)) \to (\exists x)(P(x) \to Q(x))$
$= \neg (\neg (\exists x)P(x) \lor (\exists x)Q(x)) \lor (\exists x)(\neg P(x) \lor Q(x))$
$= (\neg\neg(\exists x)P(x) \land \neg(\exists x)Q(x)) \lor (\exists x)\neg P(x) \lor (\exists x)Q(x)$
$= (((\exists x)P(x) \lor (\exists x)\neg P(x)) \land (\neg(\exists x)Q(x) \lor (\exists x)\neg P(x))) \lor (\exists x)Q(x)$
$= \neg (\exists x)Q(x) \lor (\exists x)\neg P(x) \lor (\exists x)Q(x)$
$= T$

(6) 不是普遍有效
　　在$\{1,2\}$域上分析,若$P(1)=Q(2)=F, P(2)=Q(1)=T$,该式为假.

(7) 不是普遍有效
　　在$\{1,2\}$域上分析,若$P(1)=Q(2)=F, P(2)=Q(1)=T$,该式为假.

(8) 不是普遍有效
　　在$\{1,2\}$域上分析,若$P(1,2)=P(2,1)=F, P(1,1)=P(2,2)=T$,该式为假.

3. 指出下列各推演中的错误,并改正之.

(1) $(\forall x)(P(x) \to Q(x)) = T$
　　当且仅当对任一 $x \in D$,有
　　　　$P(x)=T, Q(x)=T$

(2) $(\exists x)(P(x) \land Q(x)) = F$
　　当且仅当有一个 $x_0 \in D$ 使得

$P(x)=F, Q(x)=F$

(3) $(\forall x)P(x)=F$

　　当且仅当对任一 $x \in D$,有

　　$P(x)=F$

(4) $(\forall x)P(x)=F$

　　$(\forall x)P(x) \Rightarrow (\exists x)P(x)$

　　必有 $(\exists x)P(x)=F$

(5) $(\forall x)P(x) \to Q(x)$

　　有 $P(x) \to Q(x)$

(6) $(\forall x)(P(x) \lor Q(x))$

　　有 $P(a) \lor Q(b)$

(7) $P(x) \to Q(x)$

　　有 $(\exists x)P(x) \to Q(x)$

(8) $P(a) \to Q(b)$

　　有 $(\exists x)P(x) \to Q(x)$

(9) $(\forall x)(\exists y)P(x,y)$

　　有 $(\exists y)P(a,y)$

　　有 $P(a,b)$

　　$(\forall x)P(x,b)$

　　$P(b,b)$

　　$(\forall x)P(x,x)$

(10) $(\forall x)(P(x) \lor Q(x))$

　　　$= \neg(\exists x)\neg(P(x) \lor Q(x))$

　　　$= \neg(\exists x)(\neg P(x) \land \neg Q(x))$

　　　$\Rightarrow \neg((\exists x)\neg P(x) \land (\exists x)\neg Q(x))$

　　　$= \neg(\exists x)\neg P(x) \lor \neg(\exists x)\neg Q(x)$

　　　$= (\forall x)P(x) \lor (\forall x)Q(x)$

(11) $(\forall x)(P(x) \to Q(x))$　　　　　　　前提

　　　有 $P(c) \to Q(c)$

　　　$(\exists x)P(x)$　　　　　　　　　　　　前提

　　　有 $P(c)$

　　　$Q(c)$　　　　　　　　　　　　　　　　分离

　　　$(\exists x)Q(x)$

(12) $P(x) \to Q(x)$

　　　有 $\neg P(x) \to \neg Q(x)$

解：

(1) $(\forall x)(P(x) \to Q(x))=T$

　　当且仅当对任一 $x \in D$,有

　　$P(x) \to Q(x) = T$

即 $P(x)=F$ 或 $Q(x)=T$

(2) $(\exists x)(P(x) \wedge Q(x))=F$
当且仅当有一个 $x_0 \in D$ 使得
$P(x) \wedge Q(x)=F$
$P(x)=F$ 或 $Q(x)=F$

(3) $(\forall x)P(x)=F$
当且仅当有一个 $x_0 \in D$ 使得
$P(x)=F$

(4) $(\forall x)P(x)=F$
不一定有 $(\exists x)P(x)=F$
或
$(\exists x)P(x)=F$
$(\forall x)P(x) \Rightarrow (\exists x)P(x)$
必有 $(\forall x)P(x)=F$

(5) $(\forall x)P(x) \to Q(x)$ 非合式公式

(6) $(\forall x)(P(x) \vee Q(x))$
有 $P(a) \vee Q(a)$

(7) $P(x) \to Q(x)$ 非合式公式

(8) $P(a) \to Q(b)$
有 $(\exists x)P(x) \to (\exists x)Q(x)$

(9) $(\exists y)P(a,y)$ 中 y 与 a 有关
$P(a,b)$ 并非对任一 b 都成立
$P(a,b)$ 不能推出 $(\forall x)P(x,b)$
$P(b,b)$ 不能推出 $(\forall x)P(x,x)$

(10) $\neg(\exists x)(\neg P(x) \wedge \neg Q(x)) \Rightarrow \neg((\exists x)\neg P(x) \wedge (\exists x)\neg Q(x))$ 不成立

(11) $(\forall x)(P(x) \to Q(x))$ 前提
    $(\exists x)P(x)$ 前提
    有 $P(c)$
    有 $P(c) \to Q(c)$
    $Q(c)$ 分离
    $(\exists x)Q(x)$

(12) $P(x) \to Q(x)$
有 $\neg Q(x) \to \neg P(x)$

4. 求下列(1)到(5)的前束范式,(6),(7),(8)的∃前束范式,(9),(10)的 Skolem 范式(只含∀)

(1) $(\forall x)(P(x) \to (\exists y)Q(x,y))$

(2) $(\forall x)(\forall y)(\forall z)(P(x,y,z) \wedge ((\exists u)Q(x,u) \to (\exists w)Q(y,w)))$

(3) $(\exists x)P(x,y) \leftrightarrow (\forall z)Q(z)$

(4) $(\neg(\exists x)P(x) \vee (\forall y)Q(y)) \to (\forall z)R(z)$
(5) $(\forall x)(P(x) \to (\forall y)((P(y) \to (Q(x) \to Q(y)))(\forall z)P(z)))$
(6) $(\exists x)(\forall y)P(x,y) \to (\forall y)(\exists x)P(x,y)$
(7) $(\exists x)(\exists y)P(x,y) \to (\exists y)(\exists x)P(x,y)$
(8) $(\forall x)(P(x) \to Q(x)) \to ((\exists x)P(x) \to (\exists x)Q(x))$
(9) $(\forall x)(P(x) \to (\exists y)Q(x,y)) \vee (\forall z)R(z)$
(10) $(\exists y)(\forall x)(\forall z)(\exists u)(\forall v)P(x,y,z,u,v)$

解：

(1)
$\quad(\forall x)(P(x) \to (\exists y)Q(x,y))$
$\quad=(\forall x)(\neg P(x) \vee (\exists y)Q(x,y))$
$\quad=(\forall x)(\exists y)(\neg P(x) \vee Q(x,y))$

(2)
$\quad(\forall x)(\forall y)(\forall z)(P(x,y,z) \wedge ((\exists u)Q(x,u) \to (\exists w)Q(y,w)))$
$\quad=(\forall x)(\forall y)(\forall z)(P(x,y,z) \wedge (\neg(\exists u)Q(x,u) \vee (\exists w)Q(y,w)))$
$\quad=(\forall x)(\forall y)(\forall z)(P(x,y,z) \wedge ((\forall u)\neg Q(x,u) \vee (\exists w)Q(y,w)))$
$\quad=(\forall x)(\forall y)(\forall z)(\forall u)(\exists w)(P(x,y,z) \wedge (\neg Q(x,u) \vee Q(y,w)))$

(3)
$\quad(\exists x)P(x,y) \leftrightarrow (\forall z)Q(z)$
$\quad=((\exists x)P(x,y) \wedge (\forall z)Q(z)) \vee (\neg(\exists x)P(x,y) \wedge \neg(\forall z)Q(z))$
$\quad=((\forall x)\neg P(x,y) \vee (\forall z)Q(z)) \wedge ((\exists x)P(x,y) \vee (\exists z)\neg Q(z))$
$\quad=((\forall x)\neg P(x,y) \vee (\forall z)Q(z)) \wedge ((\exists u)P(u,y) \vee (\exists v)\neg Q(v))$
$\quad=(\forall x)(\forall z)(\exists u)(\exists v)((\neg P(x,y) \vee Q(z)) \wedge (P(u,y) \vee \neg Q(v)))$

(4)
$\quad(\neg(\exists x)P(x) \vee (\forall y)Q(y)) \to (\forall z)R(z)$
$\quad=\neg(\neg(\exists x)P(x) \vee (\forall y)Q(y)) \vee (\forall z)R(z)$
$\quad=(\neg\neg(\exists x)P(x) \wedge \neg(\forall y)Q(y)) \vee (\forall z)R(z)$
$\quad=((\exists x)P(x) \wedge (\exists y)\neg Q(y)) \vee (\forall z)R(z)$
$\quad=(\exists x)(\exists y)(\forall z)((P(x) \wedge \neg Q(y)) \vee R(z))$

(5)
$\quad(\forall x)(P(x) \to (\forall y)((P(y) \to (Q(x) \to Q(y))) \vee (\forall z)P(z)))$
$\quad=(\forall x)(\neg P(x) \vee (\forall y)((\neg P(y) \vee (\neg Q(x) \vee Q(y))) \vee (\forall z)P(z)))$
$\quad=(\forall x)(\forall y)(\forall z)(\neg P(x) \vee \neg P(y) \vee \neg Q(x) \vee Q(y) \vee P(z))$

(6)
$\quad(\exists x)(\forall y)P(x,y) \to (\forall y)(\exists x)P(x,y)$
$\quad=\neg(\exists x)(\forall y)P(x,y) \vee (\forall y)(\exists x)P(x,y)$
$\quad=(\forall x)(\exists y)\neg P(x,y) \vee (\forall u)(\exists v)P(v,u)$
$\quad=(\forall x)(\exists y)(\forall u)(\exists v)(\neg P(x,y) \vee P(v,u))$
$\quad=(\forall x)(\exists y)(\forall u)(\exists v)(\neg P(x,y) \vee P(v,u))$

∃前束

$(\forall x)(\exists y)(\forall u)(\exists v)(\neg P(x,y) \lor P(v,u))$

$\Rightarrow (\exists x)(\exists y)(\forall u)(\forall v)(((\neg P(x,y) \lor P(v,u)) \land \neg S(x)) \lor (\forall m)S(m))$

$\Rightarrow (\exists x)(\exists y)(\forall u)(\exists v)(\forall m)(((\neg P(x,y) \lor P(v,u)) \land \neg S(x)) \lor S(m))$

$\Rightarrow (\exists x)(\exists y)(\exists u)(\exists v)(\forall m)$
$(((((\neg P(x,y) \lor P(v,u)) \land \neg S(x)) \lor S(m)) \land \neg T(x,y,u)) \lor (\forall n)T(x,y,n))$

$\Rightarrow (\exists x)(\exists y)(\exists u)(\exists v)(\forall m)(\forall n)$
$(((((\neg P(x,y) \lor P(v,u)) \land \neg S(x)) \lor S(m)) \land \neg T(x,y,u)) \lor T(x,y,n))$

(7)
$(\exists x)(\exists y)P(x,y) \to (\exists y)(\exists x)P(x,y)$
$= \neg(\exists x)(\exists y)P(x,y) \lor (\exists y)(\exists x)P(x,y)$
$= (\forall x)(\forall y)\neg P(x,y) \lor (\exists u)(\exists v)P(v,u)$
$= (\exists u)(\exists v)(\forall x)(\forall y)(\neg P(x,y) \lor P(v,u))$

(8)
$(\forall x)(P(x) \to Q(x)) \to ((\exists x)P(x) \to (\exists x)Q(x))$
$= \neg(\forall x)(\neg P(x) \lor Q(x)) \lor (\neg(\exists x)P(x) \lor (\exists x)Q(x))$
$= (\exists x)\neg(\neg P(x) \lor Q(x)) \lor ((\forall x)\neg P(x) \lor (\exists x)Q(x))$
$= (\exists x)(P(x) \land \neg Q(x)) \lor (\forall y)\neg P(y) \lor (\exists z)Q(z)$
$= (\exists x)(\exists z)(\forall y)(P(x) \land \neg Q(x)) \lor \neg P(y) \lor Q(z)$

(9)
$(\forall x)(P(x) \to (\exists y)Q(x,y)) \lor (\forall z)R(z)$
$= (\forall x)(\neg P(x) \lor (\exists y)Q(x,y)) \lor (\forall z)R(z)$
$= (\forall x)(\exists y)(\forall z)(\neg P(x) \lor Q(x,y) \lor R(z))$

Skolem 范式
$(\forall x)(\forall z)(\neg P(x) \lor Q(x,f(x)) \lor R(z))$

(10)
$(\exists y)(\forall x)(\forall z)(\exists u)(\forall v)P(x,y,z,u,v)$

Skolem 范式
$(\forall x)(\forall z)(\forall v)P(x,a,z,f(x,z),v)$

5. 使用推理规则和归结法作推理演算

(1) $(\forall x)(P(x) \lor Q(x)) \land (\forall x)(Q(x) \to \neg R(x)) \Rightarrow (\exists x)(R(x) \to P(x))$

(2) $(\forall x)(\neg P(x) \to Q(x)) \land (\forall x)\neg Q(x) \Rightarrow P(a)$

(3) $(\forall x)(P(x) \lor Q(x)) \land (\forall x)(Q(x) \to \neg R(x)) \land (\forall x)R(x) \Rightarrow (\forall x)P(x)$

(4) 大学里的学生不是本科生就是研究生,有的学生是高材生,John 不是研究生但是高材生,从而如果 John 是学生必是本科生.

解:
(1) 推理规则法:

① $(\forall x)(P(x) \lor Q(x))$ 前提
② $(\forall x)(Q(x) \to \neg R(x))$ 前提
③ $P(x) \lor Q(x)$ ① 全称量词消去
④ $Q(x) \to \neg R(x)$ ② 全称量词消去
⑤ $\neg Q(x) \to P(x)$ ③ 置换
⑥ $R(x) \to \neg Q(x)$ ④ 置换
⑦ $R(x) \to P(x)$ ⑤⑥ 三段论
⑧ $(\exists x)(R(x) \to P(x))$ ⑦ 存在量词引入

归结法：
建立子句集 $\{P(x) \lor Q(x), \neg Q(x) \lor \neg R(x), R(x), \neg P(x)\}$
① $P(x) \lor Q(x)$
② $\neg Q(x) \lor \neg R(x)$
③ $R(x)$
④ $\neg P(x)$
⑤ $Q(x)$ ①④ 归结
⑥ $\neg Q(x)$ ②③ 归结
⑦ □   ⑤⑥ 归结

(2) 推理规则法：
① $(\forall x)(\neg P(x) \to Q(x))$ 前提
② $(\forall x) \neg Q(x)$ 前提
③ $\neg P(x) \to Q(x)$ ① 全称量词消去
④ $\neg Q(x)$ ② 全称量词消去
⑤ $\neg Q(x) \to P(x)$ ③ 置换
⑥ $P(x)$ ④⑤ 分离
⑦ $(\forall x) P(x)$ ⑥ 全称量词引入
⑧ $P(a)$ ⑦ 全称量词消去

归结法：
建立子句集 $\{P(x) \lor Q(x), \neg Q(x), \neg P(a)\}$
① $P(x) \lor Q(x)$
② $\neg Q(x)$
③ $\neg P(a)$
④ $Q(a)$ ①③ 归结
⑤ □   ②④ 归结

(3) 推理规则法：
① $(\forall x)(P(x) \lor Q(x))$ 前提
② $(\forall x)(Q(x) \to \neg R(x))$ 前提
③ $(\forall x) R(x)$ 前提
④ $P(x) \lor Q(x)$ ① 全称量词消去
⑤ $Q(x) \to \neg R(x)$ ② 全称量词消去

⑥ $R(x)$ ③ 全称量词消去
⑦ $\neg Q(x) \to P(x)$ ④ 置换
⑧ $R(x) \to \neg Q(x)$ ⑤ 置换
⑨ $R(x) \to P(x)$ ⑦⑧ 三段论
⑩ $P(x)$ ⑥⑨ 分离
⑪ $(\forall x) P(x)$ ⑩ 全称量词引入

归结法：
建立子句集 $\{P(x) \lor Q(x), \neg Q(x) \lor \neg R(x), R(x), \neg P(a)\}$
① $P(x) \lor Q(x)$
② $\neg Q(x) \lor \neg R(x)$
③ $R(x)$
④ $\neg P(a)$
⑤ $Q(a)$ ①④ 归结
⑥ $\neg R(a)$ ②⑤ 归结
⑦ □   ③⑥ 归结

(4) $P(x)$: x 是学生，$Q(x)$: x 是本科生，$R(x)$: x 是研究生，$S(x)$: x 是高材生

即证
$(\forall x)\big(P(x) \to Q(x) \overline{\lor} R(x)\big) \land (\exists x)(P(x) \land S(x)) \land (\neg R(\text{John}) \land S(\text{John}))$
$\Rightarrow P(\text{John}) \to Q(\text{John})$

推理规则法：
① $(\forall x)\big(P(x) \to Q(x) \overline{\lor} R(x)\big)$ 前提
② $\neg R(\text{John})$ 前提
③ $P(x) \to Q(x) \overline{\lor} R(x)$ ① 全称量词消去
④ $P(\text{John})$ 附加前提引入
⑤ $Q(\text{John}) \overline{\lor} R(\text{John})$ ③④ 分离
⑥ $Q(\text{John})$ ②⑤ 分离
⑦ $P(\text{John}) \to Q(\text{John})$ 条件证明规则

归结法：
建立子句集
$\left\{ \begin{array}{l} \neg P(x) \lor (Q(x) \overline{\lor} R(x)), P(a), S(a), \\ \neg R(\text{John}), S(\text{John}), P(\text{John}), \neg Q(\text{John}) \end{array} \right\}$

① $\neg P(x) \lor (Q(x) \overline{\lor} R(x))$
② $P(a)$
③ $S(a)$
④ $\neg R(\text{John})$
⑤ $S(\text{John})$
⑥ $P(\text{John})$

⑦ $\neg Q(\text{John})$

⑧ $\bigl(Q(\text{John}) \overline{\vee} R(\text{John})\bigr)$ ①⑥ 归结

⑨ $Q(\text{John})$ ④⑧ 归结

⑩ □   ⑦⑨ 归结

第6章 习题解答

1. 依公理系统证明

(1) $\vdash (\exists x)\neg P(x) \leftrightarrow \neg(\forall x)P(x)$

(2) $\vdash \neg(\exists x)\neg P(x) \leftrightarrow (\forall x)P(x)$

(3) $\vdash (\forall x)(P(x) \rightarrow Q(x)) \rightarrow ((\exists x)P(x) \rightarrow (\exists x)Q(x))$

(4) $\vdash (\forall x)(P \vee P(x)) \leftrightarrow P \vee (\forall x)P(x)$

证明：

(1) 先证→

① $\vdash (\forall x)P(x) \rightarrow P(y)$ 公理

② $\vdash \neg P(y) \rightarrow \neg(\forall x)P(x)$ 假言易位

③ $\vdash (\exists y)\neg P(y) \rightarrow \neg(\forall x)P(x)$ 前件存在

④ $\vdash (\exists x)\neg P(x) \rightarrow \neg(\forall x)P(x)$ 变项易名

再证←

① $\vdash P(y) \rightarrow (\exists x)P(x)$ 公理

② $\vdash \neg P(y) \rightarrow (\exists x)\neg P(x)$ 代入 $\dfrac{P(\Delta)}{\neg P(\Delta)}$

③ $\vdash \neg(\exists x)\neg P(x) \rightarrow \neg\neg P(y)$ 假言易位

④ $\vdash \neg(\exists x)\neg P(x) \rightarrow P(y)$ 双重否定

⑤ $\vdash \neg(\exists x)\neg P(x) \rightarrow (\forall y)P(y)$ 后件概括

⑥ $\vdash \neg(\forall y)P(y) \rightarrow \neg\neg(\exists x)\neg P(x)$ 假言易位

⑦ $\vdash \neg(\forall y)P(y) \rightarrow (\exists x)\neg P(x)$ 双重否定

⑧ $\vdash \neg(\forall x)P(x) \rightarrow (\exists x)\neg P(x)$ 变项易名

(2) 先证→

① $\vdash P(y) \rightarrow (\exists x)P(x)$ 公理

② $\vdash \neg P(y) \rightarrow (\exists x)\neg P(x)$ 代入 $\dfrac{P(\Delta)}{\neg P(\Delta)}$

③ $\vdash \neg(\exists x)\neg P(x) \rightarrow \neg\neg P(y)$ 假言易位

④ $\vdash \neg(\exists x)\neg P(x) \rightarrow P(y)$ 双重否定

⑤ $\vdash \neg(\exists x)\neg P(x) \rightarrow (\forall y)P(y)$ 后件概括

⑥ $\vdash \neg(\exists x)\neg P(x) \rightarrow (\forall x)P(x)$ 变元易名

再证←

① $\vdash (\forall x)P(x) \rightarrow P(y)$ 公理

② $\vdash \neg P(y) \rightarrow \neg(\forall x)P(x)$ 假言易位

③ $\vdash (\exists y)\neg P(y) \rightarrow \neg(\forall x)P(x)$ 前件存在

④ $\vdash \neg\neg(\forall x)P(x) \rightarrow \neg(\exists y)\neg P(y)$ 假言易位

⑤ ⊢ $(\forall x)P(x) \to \neg(\exists y)\neg P(y)$ 双重否定
⑥ ⊢ $(\forall x)P(x) \to \neg(\exists x)\neg P(x)$ 变元易名

(3)
① ⊢ $(\forall x)P(x) \to P(y)$ 公理
② ⊢ $(\forall x)(P(x) \to Q(x)) \to (P(y) \to Q(y))$ 代入 $\dfrac{P(\Delta)}{P(\Delta) \to Q(\Delta)}$
③ ⊢ $(\forall x)(P(x) \to Q(x)) \wedge P(y) \to Q(y)$ 条件合取
④ ⊢ $Q(y) \to (\exists z)Q(z)$ 公理
⑤ ⊢ $(\forall x)(P(x) \to Q(x)) \wedge P(y) \to (\exists z)Q(z)$ ③④ 三段论
⑥ ⊢ $P(y) \to ((\forall x)(P(x) \to Q(x)) \to (\exists z)Q(z))$ 条件互易
⑦ ⊢ $(\exists y)P(y) \to ((\forall x)(P(x) \to Q(x)) \to (\exists z)Q(z))$ 前件存在
⑧ ⊢ $(\forall x)(P(x) \to Q(x)) \to ((\exists y)P(y) \to (\exists z)Q(z))$ 条件互易
⑨ ⊢ $(\forall x)(P(x) \to Q(x)) \to ((\exists x)P(x) \to (\exists x)Q(x))$ 变元易名

(4) 先证 →
① ⊢ $(\forall x)P(x) \to P(y)$ 公理
② ⊢ $(\forall x)(P \vee P(x)) \to P \vee P(y)$ 代入 $\dfrac{P(\Delta)}{P \vee P(\Delta)}$
③ ⊢ $(\forall x)(P \vee P(x)) \to (\neg P \to P(y))$ 定义
④ ⊢ $(\forall x)(P \vee P(x)) \wedge \neg P \to P(y)$ 条件合取
⑤ ⊢ $(\forall x)(P \vee P(x)) \wedge \neg P \to (\forall y)P(y)$ 后件概括
⑥ ⊢ $(\forall x)(P \vee P(x)) \wedge \neg P \to (\forall x)P(x)$ 变元易名
⑦ ⊢ $(\forall x)(P \vee P(x)) \to (\neg P \to (\forall x)P(x))$ 逆条件合取
⑧ ⊢ $(\forall x)(P \vee P(x)) \to P \vee (\forall x)P(x)$ 定义

再证 ←
① ⊢ $(\forall x)P(x) \to P(y)$ 公理
② ⊢ $P \vee (\forall x)P(x) \to P \vee P(y)$ 公理
③ ⊢ $P \vee (\forall x)P(x) \to (\forall y)(P \vee P(y))$ 后件概括
④ ⊢ $P \vee (\forall x)P(x) \to (\forall x)(P \vee P(x))$ 后件概括

2. 依自然演绎系统证明

(1) $(\exists x)A(x) \vdash (\exists y)A(y)$
(2) $(\exists x)A(x) \vdash \neg(\forall x)\neg A(x)$
(3) $(\forall x)\neg A(x) \vdash \neg(\exists x)A(x)$
(4) $(\forall x)(A(x) \to B(x)), (\forall x)A(x) \vdash (\forall x)B(x)$

证明：

(1)
① $A(a)$ 取 a 为不在 $A(x)$ 中出现
② $(\exists y)A(y)$ 规则 15
③ $(\exists x)A(x)$ 前提

④ $(\exists y)A(y)$ 规则14,因 1⊢2 有 3⊢4

(2)

① $A(a)$ 取 a 为不在 $A(x)$ 中出现

② $(\forall x)\neg A(x)$

③ $A(a)$ 由①②依规则1

④ $\neg A(a)$ 由②依规则12

⑤ $\neg(\forall x)\neg A(x)$ 由 1,2⊢3,4 依规则3

⑥ $(\exists x)A(x)$ 前提

⑦ $\neg(\forall x)\neg A(x)$ 因 1⊢5,依规则14 有 6⊢7

(3)

① $(\forall x)\neg A(x)$ 前提

② $A(a)$ 取 a 为不在 $A(x)$ 中出现

③ $\neg A(a)$ 由①依规则12

④ $\neg(\exists x)A(x)$ 由②③依 $A,\neg A \vdash B$

⑤ $(\exists x)A(x)$

⑥ $\neg(\exists x)A(x)$ 因 2⊢4,由规则14 有 5⊢6

⑦ $\neg(\exists x)A(x)$ 由 1,5⊢5,6,依规则3 有 1⊢7

(4)

$(\forall x)(A(x)\to B(x)),(\forall x)A(x) \vdash (\forall x)B(x)$

① $(\forall x)(A(x)\to B(x))$ 前提

② $A(a)\to B(a)$ 由 1 依规则12

③ $(\forall x)A(x)$ 前提

④ $A(a)$ 由 3 依规则12

⑤ $B(a)$ 由 2,4 依规则8

⑥ $(\forall x)B(x)$ 因 1⊢5,依规则13 有 1⊢5

第 9 章 习 题 解 答

1. 列出下列各集合所有的元素
(1) $A_1=\{x\mid x\in \mathbf{Z} \wedge 3<x<9\}$；
(2) $A_2=\{x\mid x$ 是十进制数中的一位数字$\}$；
(3) $A_3=\{x\mid x=2 \vee x=5\}$；
(4) $A_4=\{z\mid z=\{x,y\} \wedge x\in \mathbf{Z} \wedge y\in \mathbf{Z} \wedge 0\leqslant x\leqslant 2 \wedge -2\leqslant y\leqslant 1\}$.

解：
(1) $A_1=\{4,5,6,7,8\}$
(2) $A_2=\{0,1,2,3,4,5,6,7,8,9\}$
(3) $A_3=\{2,5\}$
(4) $A_4=\begin{Bmatrix}\{0,-2\},\{0,-1\},\{0,0\},\{0,1\},\\ \{1,-2\},\{1,-1\},\{1,1\},\\ \{2,-2\},\{2,-1\},\{2,0\},\{2,1\}\end{Bmatrix}$

2. 写出下列集合的表达式
(1) 小于 5 的非负整数的集合.
(2) 10 的整数倍的集合.
(3) 奇整数的集合.
(4) $\{3,5,7,11,13,17,19,23,29,\cdots\}$.

解：
(1) $A=\{x\mid x\in \mathbf{Z} \wedge 0\leqslant x<5\}$
(2) $A=\{x\mid x=10k \wedge k\in \mathbf{Z}\}$
(3) $A=\{x\mid x=2k+1 \wedge k\in \mathbf{Z}\}$
(4) $A=\{x\mid x\neq 2 \wedge x$ 为质数$\}$

或 $A=\left\{x\left|\begin{array}{l}x>2 \wedge x\in N \wedge \neg(\exists m)(\exists n)\\ (x=mn \wedge m\geqslant 2 \wedge n\geqslant 2 \wedge m\neq n \wedge m\in N \wedge n\in N)\end{array}\right.\right\}$

或 $A=\{x\mid x\in N \wedge (\forall y)((y\in N \wedge y>2)\rightarrow (x/y\notin N))\}$

3. 给出集合 A、B 和 C 的例子,使 $A\in B, B\in C$ 但 $A\notin C$.
解：例如 $A=\{1\}, B=\{\{1\},2\}, C=\{\{\{1\},2\},2\}$
满足 $A\in B, B\in C$ 但 $A\notin C$.

4. 给出集合 A、B 和 C 的例子,使 $A\in B, B\in C$ 且 $A\in C$.

解：例如 $A=\{1\}, B=\{\{1\},2\}, C=\{\{\{1\},2\},\{1\}\}$

满足 $A\in B, B\in C$ 且 $A\in C$.

5. 确定下列命题是否为真
(1) $\varnothing \subseteq \varnothing$.
(2) $\varnothing \in \varnothing$.
(3) $\varnothing \subseteq \{\varnothing\}$.
(4) $\varnothing \in \{\varnothing\}$.
(5) $\{\varnothing\} \subseteq \{\varnothing\}$.
(6) $\{\varnothing\} \in \{\varnothing\}$.
(7) $\{\varnothing\} \subseteq \{\{\varnothing\}\}$.
(8) $\{\varnothing\} \in \{\{\varnothing\}\}$.
(9) $\{a,b\} \subseteq \{a,b,c,\{a,b,c\}\}$.
(10) $\{a,b\} \in \{a,b,c,\{a,b,c\}\}$.
(11) $\{a,b\} \subseteq \{a,b,c,\{\{a,b\}\}\}$.
(12) $\{a,b\} \in \{a,b,c,\{\{a,b\}\}\}$.

解：上述命题中(1)(3)(4)(5)(8)(9)(11)为真.

6. 对任意的集合 A、B 和 C，下列命题是否为真. 若真则证明之，若假则举出反例.
(1) 若 $A\in B$ 且 $B\subseteq C$，则 $A\in C$.
(2) 若 $A\in B$ 且 $B\subseteq C$，则 $A\subseteq C$.
(3) 若 $A\subseteq B$ 且 $B\in C$，则 $A\in C$.
(4) 若 $A\in B$ 且 $B\not\subset C$，则 $A\notin C$.

解：
(1) 该命题为真

证明：

方法一：

由 $B\subseteq C$ 得,

$(\forall x)(x\in B\to x\in C)$

而 $A\in B$

所以 $A\in C$.

方法二：

$A\in B \land B\subseteq C$

$\Rightarrow A\in B \land (\forall x)(x\in B\to x\in C)$

$\Rightarrow A\in C$

(2) 该命题为假

例如，$A=\{1\}, B=\{\{1\},2\}, C=\{\{1\},2,3\}$

满足 $A \in B$ 且 $B \subseteq C$,但 $A \not\subset C$.

(3) 该命题为假

例如,$A = \{1\}, B = \{1,2\}, C = \{\{1,2\},3\}$

满足 $A \subseteq B$ 且 $B \in C$,但 $A \notin C$.

(4) 该命题为假

例如,$A = \{1\}, B = \{\{1\},2\}, C = \{\{1\},3\}$

若 $A \in B$ 且 $B \not\subset C$,但 $A \in C$.

7. 写出下列集合的幂集和笛卡儿积

(1) $\{\{a\},a\}$ 的幂集.

(2) $\{\{1,\{2\}\}\}$ 的幂集.

(3) $\{\varnothing, a, \{b\}\}$ 的幂集.

(4) $\{a,b,c\} \times \{a,b\}$.

(5) $P(P(\varnothing)) \times P(P\varnothing))$.

解:

(1) $P(A) = \{\varnothing, \{a\}, \{\{a\}\}, \{\{a\},a\}\}$

(2) $P(A) = \{\varnothing, \{\{1,\{2\}\}\}\}$

(3) $P(A) = \{\varnothing, \{\varnothing\}, \{a\}, \{\{b\}\}, \{\varnothing, a\}, \{\varnothing, \{b\}\}, \{a, \{b\}\}, \{\varnothing, a, \{b\}\}\}$

(4) $P(A) = \{\langle a,a \rangle, \langle a,b \rangle, \langle b,a \rangle, \langle b,b \rangle, \langle c,a \rangle, \langle c,b \rangle\}$

(5) $P(P(\varnothing)) \times P(P(\varnothing))$
$= \{\varnothing, \{\varnothing\}\} \times \{\varnothing, \{\varnothing\}\}$
$= \{\langle \varnothing, \varnothing \rangle, \langle \varnothing, \{\varnothing\} \rangle, \langle \{\varnothing\}, \varnothing \rangle, \langle \{\varnothing\}, \{\varnothing\} \rangle\}$

8. 设 $B = P(P(P(\varnothing)))$

(1) 是否 $\varnothing \in B$? 是否 $\varnothing \subseteq B$?

(2) 是否 $\{\varnothing\} \in B$? 是否 $\{\varnothing\} \subseteq B$?

(3) 是否 $\{\{\varnothing\}\} \in B$? 是否 $\{\{\varnothing\}\} \subseteq B$?

解:

$B = P(P(P(\varnothing)))$
$= P(P(\{\varnothing\}))$
$= P(\{\varnothing, \{\varnothing\}\})$
$= \{\varnothing, \{\varnothing\}, \{\{\varnothing\}\}, \{\varnothing, \{\varnothing\}\}\}$

(1) $\varnothing \in B, \varnothing \subseteq B$

(2) $\{\varnothing\} \in B, \{\varnothing\} \subseteq B$

(3) $\{\{\varnothing\}\} \in B, \{\{\varnothing\}\} \subseteq B$

9. 画出下列集合的文氏图

(1) $(-A) \cap (-B)$.
(2) $A \cap (-B \cup -C)$.
(3) $A \oplus (B \cup C)$.

解：

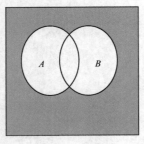

图 9.9.1

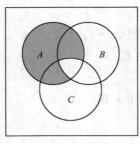

图 9.9.2

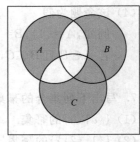

图 9.9.3

10. 用公式表示下列文氏图中的集合

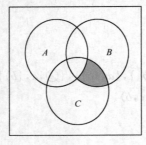

图 9.10.1

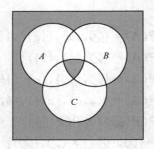

图 9.10.2

解：
(1) $(B \cap C) - A$
(2) $(A \cap B \cap C) - (A \cup B \cup C)$
    或 $(A \cap B \cap C) \cup (-A \cap -B \cap -C)$
    或 $-(A \cup B \cup C - A \cap B \cap C)$

11. 化简下列各式
(1) $\varnothing \cap \{\varnothing\}$.
(2) $\{\varnothing, \{\varnothing\}\} - \varnothing$.
(3) $\{\varnothing, \{\varnothing\}\} - \{\varnothing\}$.
(4) $\{\varnothing, \{\varnothing\}\} - \{\{\varnothing\}\}$.

解：
(1) $\varnothing \cap \{\varnothing\} = \varnothing$
(2) $\{\varnothing, \{\varnothing\}\} - \varnothing = \{\varnothing, \{\varnothing\}\}$
(3) $\{\varnothing, \{\varnothing\}\} - \{\varnothing\} = \{\{\varnothing\}\}$

(4) $\{\varnothing,\{\varnothing\}\}-\{\{\varnothing\}\}=\{\varnothing\}$

12. 设全集 $E=\{1,2,3,4,5\}$，集合 $A=\{1,4\}, B=\{1,2,5\}, C=\{2,4\}$. 求下列集合.
(1) $A\cap -B$.
(2) $(A\cap B)\cup -C$.
(3) $-(A\cap B)$.
(4) $P(A)\cap P(B)$.
(5) $P(A)-P(B)$.

解：
(1) $A\cap -B=\{1,4\}\cap\{3,4\}=\{4\}$
(2) $(A\cap B)\cup -C=(\{1,4\}\cap\{1,2,5\})\cup\{1,3,5\}=\{1,3,5\}$
(3) $-(A\cap B)=-(\{1,4\}\cap\{1,2,5\})=\{2,3,4,5\}$
(4) $P(A)\cap P(B)$
$=\{\varnothing,\{1\},\{4\},\{1,4\}\}\cap\{\varnothing,\{1\},\{2\},\{5\},\{1,2\},\{1,5\},\{2,5\},\{1,2,5\}\}$
$=\{\varnothing,\{1\}\}$
(5) $P(A)-P(B)$
$=\{\varnothing,\{1\},\{4\},\{1,4\}\}-\{\varnothing,\{1\},\{2\},\{5\},\{1,2\},\{1,5\},\{2,5\},\{1,2,5\}\}$
$=\{\{4\},\{1,4\}\}$

13. 给定 **N** 的下列子集 $A、B、C、D$ 为
$A=\{1,2,7,8\}$,
$B=\{x\mid x^2<50\}$,
$C=\{x\mid 0\leqslant x\leqslant 20\wedge x\text{ 可被 3 整除}\}$,
$D=\{x\mid x=2^k\wedge K\in\mathbf{N}\wedge 0\leqslant K\leqslant 5\}$.

列出下列集合的所有元素。
(1) $A\cup(B\cup(C\cup D))$.
(2) $A\cap(B\cap(C\cap D))$.
(3) $B-(A\cup C)$.
(4) $(B-A)\cup D$.

解：
$A=\{1,2,7,8\}$
$B=\{0,1,2,3,4,5,6,7\}$
$C=\{0,3,6,9,12,15,18\}$
$D=\{1,2,4,8,16,32\}$
(1) $A\cup(B\cup(C\cup D))=\{0,1,2,3,4,5,6,7,8,9,12,15,16,18,32\}$
(2) $A\cap(B\cap(C\cap D))=\varnothing$
(3) $B-(A\cup C)=\{4,5\}$

109

(4) $(B-A) \cup D = \{0,1,2,3,4,5,6,8,16,32\}$

14. 写出下列集合
(1) $\bigcup\{\{3,4\},\{\{3\},\{4\}\},\{3,\{4\}\},\{\{3\},4\}\}$.
(2) $\bigcap\{\{1,2,3\},\{2,3,4\},\{3,4,5\}\}$.

解：
(1) $\bigcup\{\{3,4\},\{\{3\},\{4\}\},\{3,\{4\}\},\{\{3\},4\}\} = \{3,4,\{3\},\{4\}\}$.
(2) $\bigcap\{\{1,2,3\},\{2,3,4\},\{3,4,5\}\} = \{3\}$

15. 写出下列集合。其中：$PP(A)=P(P(A))$，$PPP(A)=P(P(P(A)))$.
(1) $\bigcup\{PPP\{\varnothing\},PP\{\varnothing\},P\{\varnothing\},\varnothing\}$.
(2) $\bigcap\{PPP\{\varnothing\},PP\{\varnothing\},P\{\varnothing\}\}$.

解：
$P(\varnothing) = \{\varnothing\}$
$PP(\varnothing) = \{\varnothing,\{\varnothing\}\}$
$PPP(\varnothing) = \{\varnothing,\{\varnothing\},\{\{\varnothing\}\},\{\varnothing,\{\varnothing\}\}\}$
(1) $\bigcup\{PPP\{\varnothing\},PP\{\varnothing\},P\{\varnothing\},\varnothing\} = \{\varnothing,\{\varnothing\},\{\{\varnothing\}\},\{\varnothing,\{\varnothing\}\}\}$
(2) $\bigcap\{PPP\{\varnothing\},PP\{\varnothing\},P\{\varnothing\}\} = \{\varnothing\}$

16. 设 $A = \{\{\varnothing\},\{\{\varnothing\}\}\}$。写出集合
(1) $P(A)$ 和 $\bigcup P(A)$.
(2) $\bigcup A$ 和 $P(\bigcup A)$.

解：
(1) $P(A) = \{\varnothing,\{\{\varnothing\}\},\{\{\{\varnothing\}\}\},\{\{\varnothing\},\{\{\varnothing\}\}\}\}$
$\bigcup P(A) = \{\{\varnothing\},\{\{\varnothing\}\}\}$
(2) $\bigcup A = \{\varnothing,\{\varnothing\}\}$
$P(\bigcup A) = \{\varnothing,\{\varnothing\},\{\{\varnothing\}\},\{\varnothing,\{\varnothing\}\}\}$

17. 设 A、B 和 C 是任意的集合，证明：
(1) $(A-B)-C = A-(B \cup C)$.
(2) $(A-B)-C = (A-C)-(B-C)$.
(3) $A=B \Leftrightarrow A \oplus B = \varnothing$.
(4) $A \subseteq C \wedge B \subseteq C \Leftrightarrow A \cup B \subseteq C$.
(5) $C \subseteq A \wedge C \subseteq B \Leftrightarrow C \subseteq A \cap B$.
(6) $A \cap B = \varnothing \Leftrightarrow A \subseteq -B \Leftrightarrow B \subseteq -A$.

证明：
(1) 方法一：

$$(A-B)-C = A \cap -B \cap -C$$
$$= A \cap -(B \cup C)$$
$$= A - (B \cup C)$$

方法二：

对于任意的 x

$$x \in (A-B)-C = x \in A \wedge x \in -B \wedge x \in -C$$
$$= x \in A \wedge x \in -B \cap -C$$
$$= x \in A \wedge x \in -(B \cup C)$$
$$= x \in A - (B \cup C)$$

(2)
$$(A-C)-(B-C) = (A \cap -C) \cap -(B \cap -C)$$
$$= A \cap -C \cap (-B \cup C)$$
$$= (A \cap -C \cap -B) \cup (A \cap -C \cap C)$$
$$= ((A-B)-C) \cup \varnothing$$
$$= (A-B)-C$$

(3)
$$A = B \Rightarrow A \oplus B = (A-B) \cup (B-A) = \varnothing \cup \varnothing = \varnothing$$
$$A \oplus B = \varnothing \Leftrightarrow (A-B) \cup (B-A) = \varnothing$$
$$\Leftrightarrow A-B = \varnothing \wedge B-A = \varnothing$$
$$\Leftrightarrow A = B$$

(4) 方法一：

① 设 $A \subseteq C \wedge B \subseteq C$，对任意的 x

$$x \in A \cup B \Leftrightarrow x \in A \vee x \in B \Rightarrow x \in C$$

所以，$A \cup B \subseteq C$.

② 设 $A \cup B \subseteq C$,

对任意的 $x, x \in A \Rightarrow x \in A \cup B \Rightarrow x \in C$，所以 $A \subseteq C$.

对任意的 $x, x \in B \Rightarrow x \in A \cup B \Rightarrow x \in C$，所以 $B \subseteq C$.

因此，$A \subseteq C \wedge B \subseteq C$.

从而，$A \subseteq C \wedge B \subseteq C \Leftrightarrow A \cup B \subseteq C$ 得证.

方法二：

$$A \subseteq C \wedge B \subseteq C \Leftrightarrow (\forall x)(x \in A \rightarrow x \in C) \wedge (\forall x)(x \in B \rightarrow x \in C)$$
$$\Leftrightarrow (\forall x)(x \in A \rightarrow x \in C) \wedge (x \in B \rightarrow x \in C)$$
$$\Leftrightarrow (\forall x)((x \in A \vee x \in B) \rightarrow x \in C)$$
$$\Leftrightarrow (\forall x)(x \in A \cup B \rightarrow x \in C)$$
$$\Leftrightarrow A \cup B \subseteq C$$

方法三：

$$A \subseteq C \wedge B \subseteq C \Rightarrow A \cup B \subseteq C \cup C \Rightarrow A \cup B \subseteq C$$

$A \cup B \subseteq C \Rightarrow ((A \cup B) \cap A \subseteq C \cap A) \wedge ((A \cup B) \cap B \subseteq C \cap B)$
$\Rightarrow (A \subseteq C \cap A) \wedge (B \subseteq C \cap B)$
$\Rightarrow A \subseteq C \wedge B \subseteq C$

(5) 方法一：

① 设 $C \subseteq A \wedge C \subseteq B$，对任意的 x
$x \in C \Rightarrow x \in A \wedge x \in B \Rightarrow x \in A \cap B$
所以，$C \subseteq A \cap B$.

② 设 $C \subseteq A \cap B$，对任意的 x
$x \in C \Rightarrow x \in A \cap B \Rightarrow x \in A \wedge x \in B$
所以，$C \subseteq A \wedge C \subseteq B$.
从而，$C \subseteq A \wedge C \subseteq B \Leftrightarrow C \subseteq A \cap B$ 得证.

方法二：
$C \subseteq A \wedge C \subseteq B \Leftrightarrow (\forall x)(x \in C \rightarrow x \in A) \wedge (\forall x)(x \in C \rightarrow x \in B)$
$\Leftrightarrow (\forall x)(x \in C \rightarrow x \in A) \wedge (x \in C \rightarrow x \in B)$
$\Leftrightarrow (\forall x)(x \in C \rightarrow (x \in A \wedge (x \in B))$
$\Leftrightarrow (\forall x)(x \in C \rightarrow x \in A \cap B)$
$\Leftrightarrow C \subseteq A \cap B$

(6)

① 设 $A \cap B = \emptyset$，对任意的 x
$x \in A \Rightarrow x \in A - \emptyset \Rightarrow x \in A - A \cap B \Rightarrow x \in -(A \cap B) \Rightarrow x \in -B$
所以，$A \subseteq -B$.

② 设 $A \subseteq -B$，对任意的 x
$x \in B \Rightarrow x \notin -B \Rightarrow x \notin A \Rightarrow x \in -A$
所以，$B \subseteq -A$.

③ 设 $B \subseteq -A$，对任意的 x
$x \in A \Rightarrow x \notin -A \Rightarrow x \notin B \Rightarrow x \in A \cap B$
所以，$A \cap B = \emptyset$.
从而，$A \cap B = \emptyset \Leftrightarrow A \subseteq -B \Leftrightarrow B \subseteq -A$ 得证.

18. 满足下列条件的集合 A 和 B 有什么关系？

(1) $A - B = B$.

(2) $A - B = B - A$.

(3) $A \cap B = B \cup A$.

(4) $A \oplus B = A$.

解：

(1) $A = B = \emptyset$

(2) $A = B$

(3) $A=B$

(4) $B=\varnothing$

19. 给出下列命题成立的充要条件

(1) $(A-B)\cup(A-C)=A$,

(2) $(A-B)\cup(A-C)=\varnothing$,

(3) $(A-B)\cap(A-C)=\varnothing$,

(4) $(A-B)\oplus(A-C)=\varnothing$.

解:

(1) 证明:充要条件为 $A\cap B\cap C=\varnothing$ 或 $A\subseteq -(B\cap C)$

① 设 $(A-B)\cup(A-C)=A$,对任意的 x

$x\in A \Rightarrow x\in A-B \vee x\in A-C$

$\Rightarrow x\in A\cap -B \vee x\in A\cap -C$

$\Rightarrow x\in -B \vee x\in -C$

$\Rightarrow x\in -B\cup -C$

$\Rightarrow x\notin B\cap C$

所以,$A\cap B\cap C=\varnothing$.

② 设 $A\cap B\cap C=\varnothing$,

对任意的 x

$x\in A \Rightarrow x\notin B \vee x\notin C$

$\Rightarrow x\in -B \vee x\in -C$

$\Rightarrow x\in A\cap -B \vee x\in A\cap -C$

$\Rightarrow x\in A-B \vee x\in A-C$

$\Rightarrow x\in (A-B)\cup(A-C)$

所以,$A\subseteq(A-B)\cup(A-C)$.

对任意的 x

$x\in(A-B)\cup(A-C) \Rightarrow x\in A-B \vee x\in A-C$

$\Rightarrow x\in A\cap -B \vee x\in A\cap -C$

$\Rightarrow x\in A$

所以,$(A-B)\cup(A-C)=A$.

从而,$(A-B)\cup(A-C)=A \Leftrightarrow A\cap B\cap C=\varnothing$ 得证.

(2) 证明:充要条件为 $A\subseteq B\cap C$

$(A-B)\cup(A-C)=\varnothing$

$\Leftrightarrow A-B=\varnothing \wedge A-C=\varnothing$

$\Leftrightarrow A\subseteq B \wedge A\subseteq C$

$\Leftrightarrow A\subseteq B\cap C$

(3) 证明:充要条件为 $A\subseteq B\cup C$

① 设$(A-B)\cap(A-C)=\varnothing$,对任意的$x$
   $x\in A \Rightarrow x\notin A-B \vee x\notin A-C$
   $\qquad \Rightarrow x\in B-A \vee x\in C-A$
   $\qquad \Rightarrow x\in B \vee x\in C$
   $\qquad \Rightarrow x\in B\cup C$
   所以,$A\subseteq B\cup C$.

② $A\subseteq B\cup C$
   $\Rightarrow A\subseteq B \vee A\subseteq C$
   $\Rightarrow A-B=\varnothing \vee A-C=\varnothing$
   $\Rightarrow (A-B)\cap(A-C)=\varnothing$

   从而,$(A-B)\cap(A-C)=\varnothing \Leftrightarrow A\subseteq B\cup C$ 得证.

(4) 证明:充要条件为 $A-B=A-C$ 或 $A\cap B=A\cap C$
   $(A-B)\oplus(A-C)=\varnothing$
   $\Leftrightarrow ((A-B)-(A-C))\cup((A-C)-(A-B))=\varnothing$
   $\Leftrightarrow (A-B)\subseteq(A-C) \wedge (A-C)\subseteq(A-B)$
   $\Leftrightarrow (A-B)\subseteq(A-C) \wedge (A-C)\subseteq(A-B)$
   $\Leftrightarrow A-B=A-C$

20. 给出集合 A 和 B 的例子,使$(\cap A)\cap(\cap B)\neq \cap(A\cap B)$.

解:
   $A=\{\{1,2\},\{1,3\},\{1,2,3\}\}, B=\{\{1,2,3\}\}$
   $\cap A=\{1\}, \cap B=\{1,2,3\}$
   $(\cap A)\cap(\cap B)=\{1\}\cap\{1,2,3\}=\{1\}$
   $\cap(A\cap B)=\cap\{\{1,2,3\}\}=\{1,2,3\}$
   所以,$(\cap A)\cap(\cap B)\neq \cap(A\cap B)$

21. 对非空的集合的集合 A,证明 $A\subseteq P(\cup A)$.

解: 对非空的集合的集合 A,对任意的 $x\in A$
   若 $x=\Phi$,则必有 $x\in P(\cup A)$
   若 $x\neq \Phi$,则
   $\forall y, y\in x \wedge y\in \cup A$
   $\Rightarrow x\subseteq \cup A$
   $\Rightarrow x\in P(\cup A)$
   因此,有 $(\forall x)(x\in A \rightarrow x\in P(\cup A))\Rightarrow A\subseteq P(\cup A)$

22. 证明集合 A 是传递集合当且仅当 $\cup A\subseteq A$.

解:方法一:

(1) 设 A 是传递集合，由定理 9.5.14 得 ∪A 也是传递集合.
对任意的 x，$x \in \cup A \Rightarrow x \subseteq \cup A \Rightarrow x \in A$
所以，$\cup A \subseteq A$.

(2) 设 $\cup A \subseteq A$，对任意的 x 和 y
$x \in y \land y \in \cup A \Rightarrow x \in y \land (y \subseteq A \lor y \in A) \Rightarrow x \in A$
所以，A 是传递集合.
从而，集合 A 是传递集合当且仅当 $\cup A \subseteq A$ 得证.

方法二：
A 是传递集合
$\Leftrightarrow (\forall x)(\forall y)(x \in y \land y \in A \to x \in A)$
$\Leftrightarrow (\forall x)((\exists y)(x \in y \land y \in A \to x \in A))$
$\Leftrightarrow (\forall x)(x \in \cup A \to x \in A)$
$\Leftrightarrow \cup A \subseteq A$

23. 设 $A = \{a, b\}$，写出集合 $P(A) \times A$.

解：
$P(A) = \{\varnothing, \{a\}, \{b\}, \{a,b\}\}$
$P(A) \times A = \{\varnothing, \{a\}, \{b\}, \{a,b\}\} \times \{a,b\}$
$\qquad = \{\langle \varnothing, a \rangle, \langle \varnothing, b \rangle, \langle \{a\}, a \rangle, \langle \{a\}, b \rangle, \langle \{b\}, a \rangle, \langle \{b\}, b \rangle, \langle \{a,b\}, a \rangle,$
$\qquad \langle \{a,b\}, b \rangle\}$

24. 下列各式是否成立？成立的证明之，不成立的举反例.
(1) $(A \cap B) \times (C \cap D) = (A \times C) \cap (B \times D)$.
(2) $(A \cup B) \times (C \cup D) = (A \times C) \cup (B \times D)$.
(3) $(A - B) \times (C - D) = (A \times C) - (B \times D)$.
(4) $(A \oplus B) \times (C \oplus D) = (A \times C) \oplus (B \times D)$.
(5) $(A - B) \times C = (A \times C) - (B \times C)$.
(6) $(A \oplus B) \times C = (A \times C) \oplus (B \times C)$.

解：
(1) 成立.
证明：对任意的 $\langle x, y \rangle$
$\langle x, y \rangle \in (A \cap B) \times (C \cap D)$
$\Leftrightarrow x \in A \cap B \land y \in C \cap D$
$\Leftrightarrow x \in A \cap B \land y \in C \cap D$
$\Leftrightarrow (x \in A \land x \in B) \land (y \in C \land y \in D)$
$\Leftrightarrow (x \in A \land y \in C) \land (x \in B \land y \in D)$
$\Leftrightarrow (\langle x, y \rangle \in A \times C) \land (\langle x, y \rangle \in B \times D)$
$\Leftrightarrow \langle x, y \rangle \in (A \times C) \cap (B \times D)$

(2) 不成立.

例如, $A=\{1\}, B=\{2\}, C=\{3\}, D=\{4\}$

$(A\cup B)\times(C\cup D)=\{\langle 1,3\rangle,\langle 1,4\rangle,\langle 2,3\rangle,\langle 2,4\rangle\}$

$(A\times C)\cup(B\times D)=\{\langle 1,3\rangle,\langle 2,4\rangle\}$

(3) 不成立.

例如, $A=\{1,2\}, B=\{1\}, C=\{2,3\}, D=\{3\}$

$(A-B)\times(C-D)=\{\langle 2,2\rangle\}$

$(A\times C)-(B\times D)=\{\langle 1,2\rangle,\langle 1,3\rangle,\langle 2,3\rangle\}$

(4) 不成立.

例如, $A=\{1,2\}, B=\{1\}, C=\{2,3\}, D=\{3\}$

$(A\oplus B)\times(C\oplus D)=\{\langle 2,2\rangle\}$

$(A\times C)\oplus(B\times D)=\{\langle 1,2\rangle,\langle 1,3\rangle,\langle 2,3\rangle\}$

(5) 成立.

证明:对任意的 $\langle x,y\rangle$,

$\langle x,y\rangle\in(A-B)\times C$

$\Leftrightarrow x\in A-B \wedge y\in C$

$\Leftrightarrow x\in A\cap \sim B \wedge y\in C$

$\Leftrightarrow (x\in A \wedge x\in \sim B)\wedge y\in C$

$\Leftrightarrow (x\in A \wedge y\in C)\wedge \sim(x\in B \wedge y\in C)$

$\Leftrightarrow (\langle x,y\rangle\in A\times C)\wedge \sim(\langle x,y\rangle\in B\times C)$

$\Leftrightarrow \langle x,y\rangle\in (A\times C)-(B\times C)$

(6) 成立.

证明:

$(A\oplus B)\times C$

$=((A-B)\cup(B-A))\times C$

$=((A-B)\times C)\cup((B-A)\times C)$

$=((A\times C)-(B\times C))\cup((B\times C)-(A\times C))$

$=(A\times C)\oplus(B\times C)$

25. 证明:若 $A\times B=A\times C$ 且 $A\neq\varnothing$,则 $B=C$.

证明:

$A\times B=A\times C \wedge A\neq\varnothing$

$\Leftrightarrow (A\times B\subseteq A\times C \wedge A\neq\varnothing)\wedge(A\times B\supseteq A\times C \wedge A\neq\varnothing)$

$\Rightarrow B\subseteq C \wedge B\supseteq C$

$\Leftrightarrow B=C$

26.
(1) 若 $A \times B = \emptyset$,则 A 和 B 应满足什么条件.
(2) 对集合 A,是否可能 $A = A \times A$

解:

(1) $A \times B = \emptyset$
   $\Rightarrow \{\langle x, y \rangle | x \in A, y \in B\} = \emptyset$
   $\Rightarrow A = \emptyset \vee B = \emptyset$

(2) 当 $A = \emptyset$ 时,$A = A \times A$.
    当 $A \neq \emptyset$ 时,$A \neq A \times A$.

27. 足球队有 38 人,篮球队有 15 人,排球队有 20 人,三个队队员共 58 人,其中 3 人同时参加三个队,问同时参加两个队的人有几个.

解:设 A、B、C 分别表示足球队、篮球队和排球队成员的集合. 则有
$|A|=38, |B|=15, |C|=20, |A \cup B \cup C|=58, |A \cap B \cap C|=3$

同时参加(包括同时参加三个队)两个队的人数为:
$|A \cap B| + |A \cap C| + |B \cap C| - 2|A \cap B \cap C|$
$= |A| + |B| + |C| - |A \cup B \cup C| - |A \cap B \cap C|$
$= 38 + 15 + 20 - 58 - 3$
$= 12$

同时参加(不包括同时参加三个队)两个队的人数为:
$|A \cap B| + |A \cap C| + |B \cap C| - 3|A \cap B \cap C|$
$= |A| + |B| + |C| - |A \cup B \cup C| - 2|A \cap B \cap C|$
$= 38 + 15 + 20 - 58 - 6$
$= 9$

28. 求 1 到 250 之间能被 2、3、5 中任何一个整除的整数的个数.

解:设 A、B、C 表示 1 到 250 之间分别能被 2、3、5 整除的整数的个数. 则有
$|A| = 125, |B| = 83, |C| = 50$
$|A \cap B| = 41, |A \cap C| = 25, |B \cap C| = 16, |A \cap B \cap C| = 8$
$|A \cup B \cup C|$
$= |A| + |B| + |C| - |A \cap B| - |A \cap C| - |B \cap C| + |A \cap B \cap C|$
$= 125 + 83 + 50 - 41 - 25 - 16 + 8$
$= 184$

29. 设 A 是集合,不使用无序对集合存在公理证明 $\{A\}$ 是集合.

证明:由空集存在公理知 Φ 是集合,再由幂集公理知 $P(\Phi) = \{\Phi\}$ 是集合,令集合 $t = \{\Phi\}$,定义谓词公式 $P(x, y)$ 为 $P(\Phi, A) = T$,则 t 和 $P(x, y)$ 满足替换公理的前

提，由替换公理可得存在由 A 组成的集合 $\{A\}$.

30. 证明不存在集合 A_1, A_2, A_3, A_4 使
$$A_4 \in A_3 \wedge A_3 \in A_2 \wedge A_2 \in A_1 \wedge A_1 \in A_4.$$
证明：利用反证法，若存在集合 A_1、A_2、A_3、A_4 满足条件，由无序对集合存在公理可知 $\{A_1, A_2\}$，$\{A_3, A_4\}$ 均为集合，再次使用该定理可知 $\{\{A_1, A_2\}, \{A_3, A_4\}\}$ 为集合，再由并集合公理可知 $B = \{A_1, A_2, A_3, A_4\}$ 为集合，由 $A_1 \in A_4$ 及 $A_1 \in B$ 可知 $A_1 \in A_4 \cap B$，即 $A_4 \cap B \neq \Phi$，同理 $A_1 \cap B \neq \Phi, A_2 \cap B \neq \Phi, A_3 \cap B \neq \Phi$，显然与正则公理矛盾. 所以前提不成立，即不存在这样的 A_1、A_2、A_3、A_4.

31. 证明不存在由所有单元素集合组成的集合.

证明：利用反证法，假设存在由所有单元素集合组成的集合，设其为 A，由无序对集合存在公理可知 $\{A\}$ 为集合，同理可知 $\{A, \{A\}\}$ 为集合，设其为 B，有 $A \in B, A \in \{A\}$，则 $\{A\} \cap B \neq \Phi$，同理，有 $\{A\} \in A, \{A\} \in B, A \cap B \neq \Phi$，显然与正则公理矛盾，所以前提不成立，即不存在由所有单元素集合组成的集合.

32. 证明存在所有素数组成的集合.

证明：由无穷公理可知存在自然数集 N，设谓词公式 $P(x)$ 表示"x 为素数"，由子集公理 $(\exists A)(\forall x)(x \in A \leftrightarrow x \in N \wedge P(x))$，即存在集合 $A = \{x \mid x$ 为素数$, x \in N\}$，即存在由所有素数组成的集合.

33. 证明若 A 是传递集合，则 A^+ 是传递集合.

证明：由 $A^+ = A \cup \{A\}$，对于任意的 x
$$x \in A^+ \Rightarrow x \in A \vee x \in \{A\}$$
$$\Rightarrow x \subseteq A \vee x = A$$
$$\Rightarrow x \subseteq A^+$$

所以，A^+ 是传递集合，原题得证.

34. 判断下列集合是否传递集合，是否有三岐性.

(1) $\{1, 2, 3\}$.

(2) $\{0, 1, \{1\}\}$.

解：

(1) 因为 $0 \notin \{1, 2, 3\}$，所以 $\{1, 2, 3\}$ 不是传递集合.

因为 $1 \in 2, 2 \in 3, 1 \in 3$，所以 $\{1, 2, 3\}$ 有三岐性.

(2) 因为 $0 \in \{0, 1, \{1\}\}$，所以 $\{0, 1, \{1\}\}$ 为传递集合.

因为 $0 \notin \{1\}, \{1\} \notin 0, \{1\} \neq 0$，所以 $\{0, 1, \{1\}\}$ 无三岐性.

第 10 章 习题解答

1. 列出下列关系 R 的元素.
(1) $A=\{0,1,2\}, B=\{0,2,4\}, R=\{\langle x,y\rangle | x,y\in A\cap B\}$.
(2) $A=\{1,2,3,4,5\}, B=\{1,2,3\}, R=\{\langle x,y\rangle | x\in A \land y\in B \land x=y^2\}$.

解:
(1) $R=\{\langle 0,0\rangle,\langle 0,2\rangle,\langle 2,0\rangle,\langle 2,2\rangle\}$
(2) $R=\{\langle 1,1\rangle,\langle 4,2\rangle\}$

2. 设 $A=\{\langle 1,2\rangle,\langle 2,4\rangle,\langle 3,3\rangle\}, B=\{\langle 1,3\rangle,\langle 2,4\rangle,\langle 4,2\rangle\}$.
求 $A\cup B, A\cap B, \mathrm{dom}(A), \mathrm{dom}(B), \mathrm{ran}(A), \mathrm{ran}(B), \mathrm{dom}(A\cup B), \mathrm{ran}(A\cap B)$.

解: $A\cup B=\{\langle 1,2\rangle,\langle 1,3\rangle,\langle 2,4\rangle,\langle 3,3\rangle,\langle 4,2\rangle\}$
$A\cap B=\{\langle 2,4\rangle\}$
$\mathrm{dom}(A)=\{1,2,3\}$
$\mathrm{dom}(B)=\{1,2,4\}$
$\mathrm{ran}(A)=\{2,3,4\}$
$\mathrm{ran}(B)=\{2,3,4\}$
$\mathrm{dom}(A\cup B)=\{1,2,3,4\}$
$\mathrm{ran}(A\cup B)=\{4\}$

3. 证明: $\mathrm{dom}(R\cup S)=\mathrm{dom}(R)\cup \mathrm{dom}(S)$,
  $\mathrm{dom}(R\cap S)\subseteq \mathrm{dom}(R)\cap \mathrm{dom}(S)$.

证明: 对任意的 x
$x\in \mathrm{dom}(R\cup S) \Leftrightarrow (\exists y)(\langle x,y\rangle\in R\cup S)$
$\Leftrightarrow (\exists y)(\langle x,y\rangle\in R \lor \langle x,y\rangle\in S)$
$\Leftrightarrow (\exists y)(\langle x,y\rangle\in R) \lor (\exists y)(\langle x,y\rangle\in S)$
$\Leftrightarrow x\in \mathrm{dom}(R) \lor x\in \mathrm{dom}(S)$
$\Leftrightarrow x\in \mathrm{dom}(R)\cup \mathrm{dom}(S)$

所以, $\mathrm{dom}(R\cup S)=\mathrm{dom}(R)\cup \mathrm{dom}(S)$.

对任意的 x
$x\in \mathrm{dom}(R\cap S) \Leftrightarrow (\exists y)(\langle x,y\rangle\in R\cap S)$
$\Leftrightarrow (\exists y)(\langle x,y\rangle\in R \land \langle x,y\rangle\in S)$
$\Rightarrow (\exists y)(\langle x,y\rangle\in R) \land (\exists y)(\langle x,y\rangle\in S)$
$\Leftrightarrow x\in \mathrm{dom}(R) \land x\in \mathrm{dom}(S)$
$\Leftrightarrow x\in \mathrm{dom}(R)\cap \mathrm{dom}(S)$

所以, $\mathrm{dom}(R\cap S)\subseteq \mathrm{dom}(R)\cap \mathrm{dom}(S)$.

4. 设 $A=\{1,2,3\}$，在 A 上有多少不同的关系？设 $|A|=n$，在 A 上有多少不同的关系？

解：$A=\{1,2,3\}$ 时，A 上不同的关系有 $2^{3^2}=512$ 种．

$|A|=n$ 时，A 上不同的关系有 2^{n^2} 种．

5. 列出所有从 $A=\{a,b,c\}$ 到 $B=\{d\}$ 的关系．

解：$A\times B=\{\langle a,d\rangle,\langle b,d\rangle,\langle c,d\rangle\}$

$R_1=\varnothing$
$R_2=\{\langle a,d\rangle\}$
$R_3=\{\langle b,d\rangle\}$
$R_4=\{\langle c,d\rangle\}$
$R_5=\{\langle a,d\rangle,\langle b,d\rangle\}$
$R_6=\{\langle a,d\rangle,\langle c,d\rangle\}$
$R_7=\{\langle b,d\rangle,\langle c,d\rangle\}$
$R_8=\{\langle a,d\rangle,\langle b,d\rangle,\langle c,d\rangle\}$

6. 对 $n\in\mathbf{N}$ 且 $n>2$，用二元关系定义 n 元关系．

解：$\langle x_1,x_2,x_3\rangle=\langle\langle x_1,x_2\rangle,x_3\rangle$

$\langle x_1,\cdots,x_n\rangle=\langle\langle x_1,\cdots,x_{n-1}\rangle,x_n\rangle$

7. 对 $A=\{0,1,2,3,4\}$ 上的下列关系，给出关系图和关系矩阵．

(1) $R_1=\{\langle x,y\rangle\,|\,2\leqslant x\wedge y\leqslant 2\}$，

(2) $R_2=\{\langle x,y\rangle\,|\,0\leqslant x-y\leqslant 3\}$，

(3) $R_3=\{\langle x,y\rangle\,|\,x$ 和 y 是互质的$\}$，

(4) $R_4=\{\langle x,y\rangle\,|\,x<y$ 或 x 是质数$\}$．

解：

(1) $\begin{bmatrix}0&0&0&0&0\\0&0&0&0&0\\1&1&1&1&0\\1&1&1&0&0\\1&1&1&0&0\end{bmatrix}$

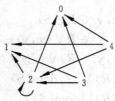

图 10.7.1

(2) $\begin{bmatrix}1&0&0&0&0\\1&1&0&0&0\\1&1&1&0&0\\0&1&1&1&0\\0&0&1&1&1\end{bmatrix}$

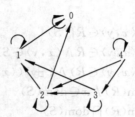

图 10.7.2

(3) $\begin{pmatrix} 0 & 0 & 0 & 0 & 0 \\ 0 & 1 & 1 & 1 & 1 \\ 0 & 1 & 0 & 1 & 0 \\ 0 & 1 & 1 & 0 & 1 \\ 0 & 1 & 0 & 1 & 0 \end{pmatrix}$
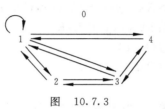

图 10.7.3

(4) $\begin{pmatrix} 0 & 1 & 1 & 1 & 1 \\ 0 & 0 & 1 & 1 & 1 \\ 1 & 1 & 1 & 1 & 1 \\ 1 & 1 & 1 & 1 & 1 \\ 0 & 0 & 0 & 0 & 0 \end{pmatrix}$

图 10.7.4

8. 设 $R=\{\langle 0,1\rangle,\langle 0,2\rangle,\langle 0,3\rangle,\langle 1,2\rangle,\langle 1,3\rangle,\langle 2,3\rangle\}$.
写出 $R\circ R, R\upharpoonright\{1\}, R^{-1}\upharpoonright\{1\}, R[\{1\}], R^{-1}[\{1\}]$.

解： $R\circ R=\{\langle 0,2\rangle,\langle 0,3\rangle,\langle 1,3\rangle\}$

$R\upharpoonright\{1\}=\{\langle 1,2\rangle,\langle 1,3\rangle\}$

$R^{-1}\upharpoonright\{1\}=\{\langle 1,0\rangle\}$

$R[\{1\}]=\{2,3\}$

$R^{-1}[\{1\}]=\{0\}$

9. 设 $A=\{\langle\varnothing,\{\varnothing,\{\varnothing\}\}\rangle,\langle\{\varnothing\},\varnothing\rangle\}$. 写出 $A\circ A, A^{-1}, A\upharpoonright\varnothing, A\upharpoonright\{\varnothing\}, A\upharpoonright\{\varnothing,\{\varnothing\}\}, A[\varnothing], A[\{\varnothing\}], A[\{\varnothing,\{\varnothing\}\}]$.

解： $A\circ A=\{\langle\varnothing,\{\varnothing,\{\varnothing\}\}\rangle\}$

$A^{-1}=\{\langle\{\varnothing,\{\varnothing\}\},\varnothing\rangle,\langle\varnothing,\{\varnothing\}\rangle\}$

$A\upharpoonright\varnothing=\varnothing$

$A\upharpoonright\{\varnothing\}=\{\langle\varnothing,\{\varnothing,\{\varnothing\}\}\rangle\}$

$A\upharpoonright\{\varnothing,\{\varnothing\}\}=\{\langle\varnothing,\{\varnothing,\{\varnothing\}\}\rangle,\langle\{\varnothing\},\varnothing\rangle\}$

$A[\varnothing]=\varnothing$

$A[\{\varnothing\}]=\{\{\varnothing,\{\varnothing\}\}\}$

$A[\{\varnothing,\{\varnothing\}\}]=\{\{\varnothing,\{\varnothing\}\},\varnothing\}$

10. 设 R, S 和 T 是 A 上的关系，证明 $R\circ(S\cup T)=(R\circ S)\cup(R\circ T)$.

证明： 对任意的 $\langle x,y\rangle$,

$\langle x,y\rangle\in R\circ(S\cup T)$

$\Leftrightarrow(\exists z)(\langle x,z\rangle\in S\cup T\wedge\langle z,y\rangle\in R)$

$\Leftrightarrow(\exists z)((\langle x,z\rangle\in S\vee\langle z,u\rangle\in T)\wedge\langle z,y\rangle\in R)$

$\Leftrightarrow (\exists z)(((\langle x,z\rangle \in S \wedge \langle z,y\rangle \in R) \vee (\langle x,z\rangle \in T \wedge \langle z,y\rangle \in R))$
$\Leftrightarrow (\exists z)(\langle x,y\rangle \in R \circ S \vee \langle x,y\rangle \in R \circ R)$
$\Leftrightarrow \langle x,y\rangle \in (R \circ S) \cup (R \circ T)$

所以，$R \circ (S \cup T) = (R \circ S) \cup (R \circ T)$.

11. 设 S 为 X 到 Y 的关系，T 为 Y 到 Z 的关系，A 为集合，B 为集合，证明：
(1) $S[A] \subseteq Y$,
(2) $(T \circ S)[A] = T[S[A]]$,
(3) $S[A \cup B] = S[A] \cup S[B]$,
(4) $S[A \cap B] \subseteq S[A] \cap S[B]$.

证明：

(1) 对任意的 y
  $y \in S[A]$
  $\Leftrightarrow (\exists x)(\langle x,y\rangle \in S \wedge x \in A)$
  $\Rightarrow (\exists x)(\langle x,y\rangle \in S)$
  $\Rightarrow (\exists x)(x \in X \wedge y \in Y)$
  $\Rightarrow y \in Y$
  所以，$S[A] \subseteq Y$.

(2) 对任意的 z
  $z \in (T \circ S)[A]$
  $\Leftrightarrow (\exists x)((x,z) \in (T \circ S) \wedge x \in A)$
  $\Leftrightarrow (\exists x)((\exists y)((x,y) \in S \wedge (y,z) \in T) \wedge x \in A)$
  $\Leftrightarrow (\exists x)(\exists y)((x,y) \in S \wedge (y,z) \in T \wedge x \in A)$
  $\Leftrightarrow (\exists y)((\exists x)((x,y) \in S \wedge x \in A) \wedge (y,z) \in T)$
  $\Leftrightarrow (\exists y)(y \in S[A] \wedge (y,z) \in T)$
  $\Leftrightarrow z \in T[S[A]]$
  所以，$(T \circ S)[A] = T[S[A]]$.

(3) 对任意的 y
  $y \in S[A \cup B]$
  $\Leftrightarrow (\exists x)(\langle x,y\rangle \in S \wedge x \in A \cup B)$
  $\Leftrightarrow (\exists x)(\langle x,y\rangle \in S \wedge (x \in A \vee x \in B))$
  $\Leftrightarrow (\exists x)((\langle x,y\rangle \in S \wedge x \in A) \vee (\langle x,y\rangle \in S \wedge x \in B))$
  $\Leftrightarrow (\exists x)(\langle x,y\rangle \in S \wedge x \in A) \vee (\exists x)(\langle x,y\rangle \in S \wedge x \in B)$
  $\Leftrightarrow y \in S[A] \vee y \in S[B]$
  $\Leftrightarrow y \in S[A] \cup S[B]$
  所以，$S[A \cup B] = S[A] \cup S[B]$.

(4) 对任意的 y
  $y \in S[A \cap B]$
  $\Leftrightarrow (\exists x)(\langle x,y\rangle \in S \wedge x \in A \cap B)$

$\Leftrightarrow (\exists x)(\langle x,y \rangle \in S \wedge (x \in A \wedge x \in B))$

$\Leftrightarrow (\exists x)((\langle x,y \rangle \in S \wedge x \in A) \wedge (\langle x,y \rangle \in S \wedge x \in B))$

$\Rightarrow (\exists x)(\langle x,y \rangle \in S \wedge x \in A) \wedge (\exists x)(\langle x,y \rangle \in S \wedge x \in B)$

$\Leftrightarrow y \in S[A] \wedge y \in S[B]$

$\Leftrightarrow y \in S[A] \cap S[B]$

所以，$S[A \cap B] \subseteq S[A] \cap S[B]$.

12. 对 A 上的关系 R_1，集合 A_1 和 A_2，证明：

(1) $A_1 \subseteq A_2 \Rightarrow R_1[A_1] \subseteq R_1[A_2]$，

(2) $R_1 \upharpoonright (A_1 \cup A_2) = R_1 \upharpoonright A_1 \cup R_1 \upharpoonright A_2$.

证明：

(1) 设 $A_1 \subseteq A_2$，对任意的 y

$y \in R_1[A_1]$

$\Leftrightarrow (\exists x)(\langle x,y \rangle \in R_1 \wedge x \in A_1)$

$\Rightarrow (\exists x)(\langle x,y \rangle \in R_1 \wedge x \in A_2)$

$\Leftrightarrow y \subseteq R_1[A_2]$

所以，$A_1 \subseteq A_2 \Rightarrow R_1[A_1] \subseteq R_1[A_2]$.

(2) 对任意的 $\langle x,y \rangle$

$\langle x,y \rangle \in R_1 \upharpoonright (A_1 \cup A_2)$

$\Leftrightarrow \langle x,y \rangle \in R_1 \wedge x \in A_1 \cup A_2$

$\Leftrightarrow \langle x,y \rangle \in R_1 \wedge (x \in A_1 \vee x \in A_2)$

$\Leftrightarrow (\langle x,y \rangle \in R_1 \wedge x \in A_1) \vee (\langle x,y \rangle \in R_1 \wedge x \in A_2)$

$\Leftrightarrow \langle x,y \rangle \in R_1 \upharpoonright A_1 \vee \langle x,y \rangle \in R_1 \upharpoonright A_2$

$\Leftrightarrow \langle x,y \rangle \in R_1 \upharpoonright A_1 \cup R_1 \upharpoonright A_2$

所以，$R_1 \upharpoonright (A_1 \cup A_2) = R_1 \upharpoonright A_1 \cup R_1 \upharpoonright A_2$.

13. 对 A 到 B 的关系 R，$a \in A$，定义 B 的一个子集 $R(a) = \{b \mid aRb\}$.

在 $C = \{-4,-3,-2,-1,0,1,2,3,4\}$ 上定义

$R = \{\langle x,y \rangle \mid x < y\}$,

$S = \{\langle x,y \rangle \mid x-1 < y < x+2\}$,

$T = \{\langle x,y \rangle \mid x^2 \leqslant y\}$.

写出集合 $R(0), R(1), S(0), S(-1), T(0), T(-1)$.

解： $R(0) = \{1,2,3,4\}$

$R(1) = \{2,3,4\}$

$S(0) = \{0,1\}$

$S(-1) = \{-1,0\}$

$T(0) = \{0,1,2,3,4\}$

$T(-1) = \{1,2,3,4\}$

14. 对命题："集合 A 上的一个关系 R，如果是对称的和传递的，就一定是自反的。因为 xRy 和 yRx 蕴含 xRx。"依据定义找出错误。在 $\{1,2,3\}$ 上构造一个关系，它是对称的和传递的，但不是自反的。

解：由定义：
R 是 A 上对称的 $\Leftrightarrow (\forall x)(\forall y)((x \in A \land y \in A \land xRy) \to yRx)$
R 是 A 上传递的 $\Leftrightarrow (\forall x)(\forall y)(\forall z)((x \in A \land y \in A \land z \in A \land xRy \land yRz) \to xRz)$
R 是 A 上自反的 $\Leftrightarrow (\forall x)(x \in A \to xRx)$
因此，R 是 A 上对称的和传递的 $\Leftrightarrow (\forall x)(\forall y)((x \in A \land y \in A \land xRy) \to xRx)$
因而，R 是 A 上对称的和传递的，但不一定是自反的。
例如，$R = \{\langle 2,3 \rangle, \langle 3,2 \rangle, \langle 2,2 \rangle, \langle 3,3 \rangle\}$。

15. 对集合 $A = \{1,2,3\}$ 上，下列 8 种关系图，说明每个关系具有的性质。

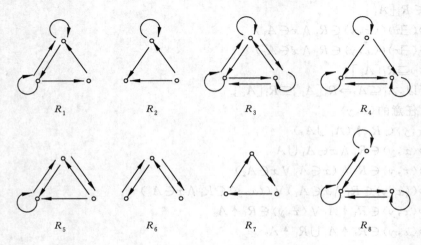

图 10.15

解：R_1 无任何关系
R_2 反对称、传递
R_3 对称、自反、传递
R_4 自反、传递
R_5 无任何关系
R_6 对称、非自反
R_7 反对称、非自反
R_8 对称、自反

16. 对集合 $A = \{1, 2, \cdots, 10\}$。A 上的关系 R 和 S 各有什么性质。
$R = \{\langle x, y \rangle \mid x + y = 10\}$，
$S = \{\langle x, y \rangle \mid x + y \text{ 是偶数}\}$。

解：R 对称性，S 对称性、自反性和传递性。

17. 对 A 上的关系 R,证明
(1) R 是自反的 $\Leftrightarrow I_A \subseteq R$,
(2) R 是非自反的 $\Leftrightarrow I_A \cap R = \varnothing$,
(3) R 是传递的 $\Leftrightarrow R \circ R \subseteq R$.

证明:

(1) 设 R 是自反的,对任意的 $\langle x,y \rangle$
$\langle x,y \rangle \in I_A \Leftrightarrow x=y \Rightarrow \langle x,y \rangle \in R$, 即 $I_A \subseteq R$.
设 $I_A \subseteq R$,对任意的 x
$x \in A \Rightarrow \langle x,x \rangle \in R$, 即 R 是自反的.
因而,R 是自反的 $\Leftrightarrow I_A \subseteq R$.

(2) 设 R 是非自反的,对任意的 $\langle x,y \rangle$
$\langle x,y \rangle \in I_A \Leftrightarrow x=y \Rightarrow \langle x,y \rangle \notin R$, 即 $I_A \cap R = \varnothing$.
设 $I_A \cap R = \varnothing$,对任意的 x
$\langle x,x \rangle \in I_A \Rightarrow \langle x,x \rangle \notin R$, 即 R 是非自反的.
因而,R 是非自反的 $\Leftrightarrow I_A \cap R = \varnothing$.

(3) 设 R 是传递的,对任意的 $\langle x,y \rangle$
$\langle x,y \rangle \in R \circ R \Leftrightarrow (\exists z)(\langle x,z \rangle \in R \wedge \langle z,y \rangle \in R) \Rightarrow \langle x,y \rangle \in R$, 即 $R \circ R \subseteq R$.
设 $R \circ R \subseteq R$,对任意的 $\langle x,z \rangle,\langle z,y \rangle \in R$,
$\langle x,y \rangle \in R \circ R \Rightarrow \langle x,y \rangle \in R$, 即设 R 是传递的.
因而,R 是传递的 $\Leftrightarrow R \circ R \subseteq R$.

18. 对 A 上的关系 R_1 和 R_2,判定下列命题的真假. 真的证明之,假的举反例.
(1) 若 R_1 和 R_2 是自反的,则 $R_1 \circ R_2$ 是自反的;
(2) 若 R_1 和 R_2 是非自反的,则 $R_1 \circ R_2$ 是非自反的;
(3) 若 R_1 和 R_2 是对称的,则 $R_1 \circ R_2$ 是对称的;
(4) 若 R_1 和 R_2 是传递的,则 $R_1 \circ R_2$ 是传递的。

解:

(1) 该命题为真.

证明:

对任意的 x
$\langle x,x \rangle \in R_1 \wedge \langle x,x \rangle \in R_2 \Rightarrow \langle x,x \rangle \in R_1 \circ R_2$, 即 $R_1 \circ R_2$ 是自反的.

(2) 该命题为假.
例如:
$R_1 = \{\langle 1,2 \rangle, \langle 2,1 \rangle\}, R_2 = \{\langle 2,1 \rangle, \langle 1,2 \rangle\}$,
$R_1 \circ R_2 = \{\langle 1,1 \rangle, \langle 2,2 \rangle\}$.

(3) 该命题为假.
例如:
$R_1 = \{\langle 1,2 \rangle, \langle 2,1 \rangle\}, R_2 = \{\langle 2,3 \rangle, \langle 3,2 \rangle\}$,
$R_1 \circ R_2 = \{\langle 2,1 \rangle, \langle 3,1 \rangle\}$.

(4) 该命题为假.

例如:
$R_1 = \{\langle 1,2\rangle, \langle 2,3\rangle, \langle 1,3\rangle\}, R_2 = \{\langle 3,1\rangle, \langle 1,2\rangle, \langle 3,2\rangle\},$
$R_1 \circ R_2 = \{\langle 3,2\rangle, \langle 3,3\rangle, \langle 1,3\rangle\}.$

19. 对集合 $A = \{1,2,3\}$. 给出 A 上的关系 R 的例子,使它有下列性质.
(1) 对称的且反对称的且传递的,
(2) 不是对称的且不是反对称的且传递的.

解:
(1) $\{\langle 1,1\rangle, \langle 2,2\rangle, \langle 3,3\rangle\}$ 或 $\{\langle 1,1\rangle\}$
(2) $\{\langle 1,1\rangle, \langle 1,2\rangle, \langle 1,3\rangle, \langle 2,1\rangle, \langle 2,2\rangle, \langle 2,3\rangle\}$

20. 对集合 $A = \{1,2,3,4\}$, A 上的关系 R 为
$R = \{\langle 1,2\rangle, \langle 4,3\rangle, \langle 2,2\rangle, \langle 2,1\rangle, \langle 3,1\rangle\}.$
说明 R 不是传递的. 构造 A 上的关系 R_1,使 $R \subseteq R_1$ 且 R_1 是传递的.

解:$\langle 1,2\rangle \in R, \langle 3,1\rangle \in R$,但是 $\langle 3,2\rangle \notin R$. 因此,$R$ 不是传递的.
构造 $R_1 = \{\langle 1,2\rangle, \langle 4,3\rangle, \langle 2,2\rangle, \langle 2,1\rangle, \langle 3,1\rangle, \langle 1,1\rangle, \langle 3,2\rangle, \langle 4,2\rangle, \langle 4,1\rangle\}$,
满足 $R \subseteq R_1$ 且 R_1 是传递的.

21. 对集合 $A = \{a,b,c,d,e,f,g,h\}$ 上的关系 R 的关系图如图 10.21 所示. 求出最小的自然数 m 和 n,使 $m < n$ 且 $R^m = R^n$.

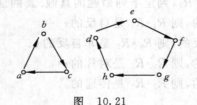

图 10.21

解:由图可知

$$M(R_1) = \begin{pmatrix} 0 & 1 & 0 \\ 0 & 0 & 1 \\ 1 & 0 & 0 \end{pmatrix}, M(R_1^2) = \begin{pmatrix} 0 & 0 & 1 \\ 1 & 0 & 0 \\ 0 & 1 & 0 \end{pmatrix},$$

$$M(R_1^3) = \begin{pmatrix} 1 & 0 & 0 \\ 0 & 1 & 0 \\ 0 & 0 & 1 \end{pmatrix}, M(R_1^4) = \begin{pmatrix} 0 & 1 & 0 \\ 0 & 0 & 1 \\ 1 & 0 & 0 \end{pmatrix}.$$

所以,$R_1^k = R_1^{k+3}$.

$$M(R_2)=\begin{pmatrix}0&1&0&0&0\\0&0&1&0&0\\0&0&0&1&0\\0&0&0&0&1\\1&0&0&0&0\end{pmatrix}, M(R_2^2)=\begin{pmatrix}0&0&1&0&0\\0&0&0&1&0\\0&0&0&0&1\\1&0&0&0&0\\0&1&0&0&0\end{pmatrix}$$

$$M(R_2^3)=\begin{pmatrix}0&0&0&1&0\\0&0&0&0&1\\1&0&0&0&0\\0&1&0&0&0\\0&0&1&0&0\end{pmatrix}, M(R_2^4)=\begin{pmatrix}0&0&0&0&1\\1&0&0&0&0\\0&1&0&0&0\\0&0&1&0&0\\0&0&0&1&0\end{pmatrix}$$

$$M(R_2^5)=\begin{pmatrix}1&0&0&0&0\\0&1&0&0&0\\0&0&1&0&0\\0&0&0&1&0\\0&0&0&0&1\end{pmatrix}, M(R_2^6)=\begin{pmatrix}0&1&0&0&0\\0&0&1&0&0\\0&0&0&1&0\\0&0&0&0&1\\1&0&0&0&0\end{pmatrix}$$

所以, $R_2^k = R_2^{k+5}$.

$$M(R)=\begin{pmatrix}M(R_1)&0\\0&M(R_2)\end{pmatrix}$$

由 $R^m = R^n$ 可知, $M(R^m)=\begin{pmatrix}M(R_1^m)&0\\0&M(R_2^m)\end{pmatrix}=\begin{pmatrix}M(R_1^n)&0\\0&M(R_2^n)\end{pmatrix}=M(R^n)$,

即 $R_1^m = R_1^n$ 且 $R_2^m = R_2^n$.

因此, 满足 $m < n$ 且 $R^m = R^n$ 的最小自然数为 $m = 0, n = 3 \times 5 = 15$.

22. 对集合 $A = \{a, b, c, d\}$ 上的两个关系
$R_1 = \{\langle a,a \rangle, \langle a,b \rangle, \langle b,d \rangle\}$,
$R_2 = \{\langle a,d \rangle, \langle b,c \rangle, \langle b,d \rangle, \langle c,b \rangle\}$.
求 $R_1 \circ R_2, R_2 \circ R_1, R_1^2, R_2^2$.

解: $R_1 \circ R_2 = \{\langle c,d \rangle\}$,
$R_2 \circ R_1 = \{\langle a,d \rangle, \langle a,c \rangle\}$,
$R_1^2 = \{\langle a,a \rangle, \langle a,b \rangle, \langle a,d \rangle\}$,
$R_2^2 = \{\langle b,b \rangle, \langle c,c \rangle, \langle c,d \rangle\}$.

23. 对 $A = \{a, b, c\}$, 给出 A 上的两个不同的关系 R_1 和 R_2, 使 $R_1^2 = R_2$ 且 $R_2^2 = R_1$.

解: $R_1 = \{\langle c,a \rangle, \langle a,b \rangle, \langle b,c \rangle\}, R_2 = \{\langle b,a \rangle, \langle c,b \rangle, \langle a,c \rangle\}$.

24. $A = \{a, b, c, d, e\}$ 上的关系 R 的关系如图 10.24. 给出 $r(R), s(R)$ 和 $t(R)$ 的关系图.

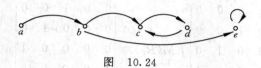

图 10.24

解:

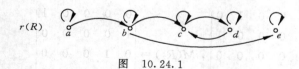

图 10.24.1

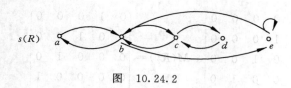

图 10.24.2

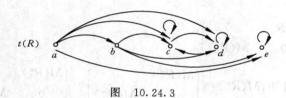

图 10.24.3

25. 证明定理 10.5.4(2)、定理 10.5.5(2) 和定理 10.5.6(2).

证明:

(1) 定理 10.5.4(2): 对非空集合 A 上的关系 R, R 是对称的 $\Leftrightarrow s(R)=R$.

证明:

设 R 是对称的, 因为 $R \subseteq R$, 且任何包含 R 的对称关系 R'', 有 $R \subseteq R''$.

所以, R 是满足 $s(R)$ 的定义, $s(R)=R$.

再设 $s(R)=R$, 由 $s(R)$ 的定义, R 是对称的.

(2) 定理 10.5.5(2):

对非空集合 A 上的关系 R_1, R_2, 若 $R_1 \subseteq R_2$, 则 $s(R_1) \subseteq s(R_2)$.

证明:

$R_1 \subseteq R_2 \wedge R_2 \subseteq s(R_2) \Rightarrow R_1 \subseteq s(R_2) \Rightarrow s(R_1) \subseteq s(R_2)$.

(3) 定理 10.5.6(2):

对非空集合 A 上的关系 R_1 和 R_2, 若 $R_1 \subseteq R_2$, 则 $s(R_1) \cup s(R_2) = s(R_1 \cup R_2)$.

证明:

因为 $s(R_1)$ 和 $s(R_2)$ 都是 A 上对称的关系, 所以 $s(R_1) \cup s(R_2)$ 是 A 上对称的关系. 由 $R_1 \subseteq s(R_1)$ 和 $R_2 \subseteq s(R_2)$, 有 $R_1 \cup R_2 \subseteq s(R_1) \cup s(R_2)$. 所以 $s(R_1) \cup s(R_2)$ 是包含 $R_1 \cup R_2$ 的对称关系. 由对称闭包的定义, $s(R_1 \cup R_2) \subseteq s(R_1) \cup s(R_2)$.

因为 $R_1 \subseteq R_1 \cup R_2$，有 $s(R_1) \subseteq s(R_1 \cup R_2)$．类似的有 $s(R_2) \subseteq s(R_1 \cup R_2)$．则 $s(R_1) \cup s(R_2) \subseteq s(R_1 \cup R_2)$．

26. 证明定理 10.5.11：对非空集合 A 上的关系 R，
(1) 若 R 是自反的，则 $s(R)$ 和 $t(R)$ 是自反的．
(2) 若 R 是对称的，则 $r(R)$ 和 $t(R)$ 是对称的．
(3) 若 R 是传递的，则 $r(R$ 是传递的．

证明：
(1) 先证明 $s(R)$ 是自反的．
   对任意的 $x \in A$，如果 $\langle x,x \rangle \in R \Rightarrow \langle x,x \rangle \in R \cup R^{-1} \Leftrightarrow \langle x,x \rangle \in s(R)$
   再证明 $t(R)$ 是自反的．
   对任意的 $x \in A$，如果 $\langle x,x \rangle \in R \Rightarrow \langle x,x \rangle \in R \cup R^2 \cup \cdots \Leftrightarrow \langle x,x \rangle \in t(R)$
(2) 见主教材该定理的证明．
(3) 对任意的 $\langle x,y \rangle, \langle y,z \rangle$
   $\langle x,y \rangle \in r(R) \wedge \langle y,z \rangle \in r(R) \Leftrightarrow \langle x,y \rangle \in R \cup R^0 \wedge \langle y,z \rangle \in R \cup R^0$
   若 $x \neq y \neq z$，则有
   $\langle x,y \rangle \in R \wedge \langle y,z \rangle \in R \Rightarrow \langle x,z \rangle \in R \Rightarrow \langle x,z \rangle \in r(R)$
   若 $x = y \neq z$，则有
   $\langle x,x \rangle \in R^0 \wedge \langle x,z \rangle \in R \Rightarrow \langle x,z \rangle \in R \cup R^0 \Rightarrow \langle x,z \rangle \in r(R)$
   若 $x \neq y = z$，同理
   若 $x = y = z$，显然成立．

27. 对 $A = \{a,b,c,d\}$ 上的关系
    $R = \{\langle a,b \rangle, \langle b,a \rangle, \langle b,c \rangle, \langle c,d \rangle\}$，
(1) 分别用矩阵运算和作图法求 $r(R), s(R)$ 和 $t(R)$．
(2) 用 Warshall 算法求 $t(R)$．

解：

(1) $M(R) = \begin{pmatrix} 0 & 1 & 0 & 0 \\ 1 & 0 & 1 & 0 \\ 0 & 0 & 0 & 1 \\ 0 & 0 & 0 & 0 \end{pmatrix}$，

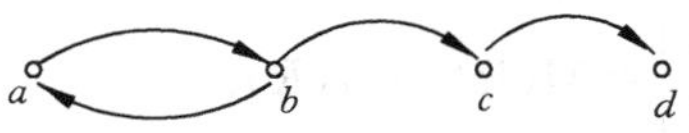

图 10.27.1

$M(r(R)) = \begin{pmatrix} 1 & 1 & 0 & 0 \\ 1 & 1 & 1 & 0 \\ 0 & 0 & 1 & 1 \\ 0 & 0 & 0 & 1 \end{pmatrix}$，

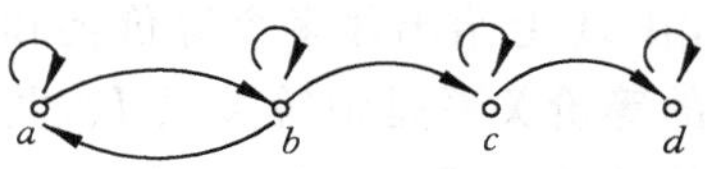

图 10.27.2

$M(s(R)) = \begin{pmatrix} 0 & 1 & 0 & 0 \\ 1 & 0 & 1 & 0 \\ 0 & 1 & 0 & 1 \\ 0 & 0 & 1 & 0 \end{pmatrix}$，

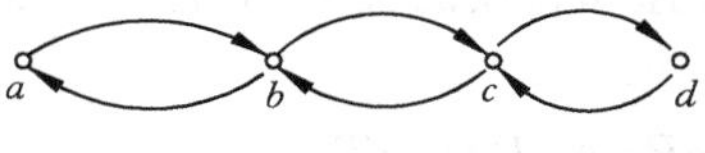

图 10.27.3

$$M(R^2)=\begin{pmatrix}1&0&1&0\\0&1&0&1\\0&0&0&0\\0&0&0&0\end{pmatrix},\ M(R^3)=\begin{pmatrix}0&1&0&1\\1&0&1&0\\0&0&0&0\\0&0&0&0\end{pmatrix},\ M(R^4)=\begin{pmatrix}1&0&1&0\\0&1&0&1\\0&0&0&0\\0&0&0&0\end{pmatrix}$$

$$M(t(R))=\begin{pmatrix}1&1&1&1\\1&1&1&1\\0&0&0&1\\0&0&0&0\end{pmatrix},$$

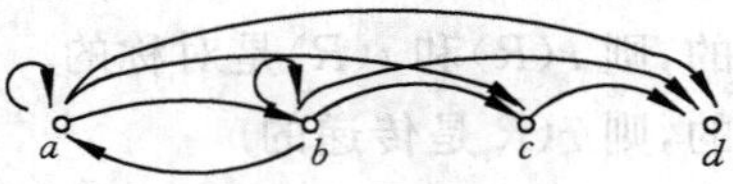

图 10.27.4

(2) $M(R)=\begin{pmatrix}0&1&0&0\\1&0&1&0\\0&0&0&1\\0&0&0&0\end{pmatrix},$

$$B_1=\begin{pmatrix}0&1&0&0\\1&1&1&0\\0&0&0&1\\0&0&0&0\end{pmatrix},$$

$$B_2=\begin{pmatrix}1&1&1&0\\1&1&1&0\\0&0&0&1\\0&0&0&0\end{pmatrix},$$

$$B_3=\begin{pmatrix}1&1&1&1\\1&1&1&1\\0&0&0&1\\0&0&0&0\end{pmatrix},$$

$$B_4=\begin{pmatrix}1&1&1&1\\1&1&1&1\\0&0&0&1\\0&0&0&0\end{pmatrix}=M(R^+)=t(R).$$

28. 对有限集合 A，在 A 上给出最多个等价类和最少个等价类的等价关系各是什么？

解：最多个等价类的等价关系是恒等关系 I_A，共有 $|A|$ 个等价类，

最少个等价类的等价关系是全关系 E_A，只有 1 个等价类.

29. 设 R 是 A 上传递和自反的关系，T 是 A 上的关系，$aTb \Leftrightarrow aRb \land bRa$. 证明 T 是等价关系.

证明：自反关系：$aRa \land aRa \Leftrightarrow aTa$

对称关系：$aTb \Leftrightarrow aRb \land bRa \Leftrightarrow bRa \land aRb \Leftrightarrow bTa$

传递关系：$aTb \wedge bTc \Leftrightarrow (aRb \wedge bRa) \wedge (bRc \wedge cRb) \Leftrightarrow aRc \wedge cRa \Leftrightarrow aTc$
所以，T 是等价关系.

30. 对 $A=\{a,b,c,d\}$，R 是 A 上的等价关系，
    $R=\{\langle a,a\rangle,\langle a,b\rangle,\langle b,a\rangle,\langle b,b\rangle,\langle c,c\rangle,\langle c,d\rangle,\langle d,c\rangle,\langle d,d\rangle\}$.
    画 R 的关系图，求 A 中的各元素的等价类.

解：

图 10.30

等价类为：$[a]_R=\{a,b\}=[b]_R$，$[c]_R=\{c,d\}=[d]_R$

31. 设 $\mathbf{Z}_+=\{x|x\in\mathbf{Z}\wedge x>0\}$，判定下列集合 π 是否构成 $\mathbf{Z}_+$ 的划分.
(1) $S_1=\{x|x\in\mathbf{Z}_+\wedge x\text{ 是素数}\}$，$S_2=\mathbf{Z}_+-S_1$，$\pi=\{S_1,S_2\}$.
(2) $\pi=\{\{x\}|x\in\mathbf{Z}_+\}$.

解：
(1) 是
(2) 是

32. 对非空集合 A，$P(A)-\{\varnothing\}$ 是否构成 A 的划分.
解：不是.
例如，$A=\{a,b\}$，则 $\{a\},\{a,b\}\in P(A)-\{\varnothing\}$. 但是 $\{a\}\cap\{a,b\}=\{a\}\neq\varnothing$.

33. 有 4 个元素的集合上，不同的等价关系的数目是多少？
解：若分为 4 个等价类，则有等价关系 1 个.

若分为 3 个等价类，则有等价关系 $C_4^2=6$ 个.

若分为 2 个等价类，则有等价关系 $C_4^1+\frac{1}{2}C_4^2=7$ 个.

若分为 1 个等价类，则有等价关系 1 个.
所以，共有等价关系 $1+6+7+1=15$ 个.

34. 设 R 和 S 是 A 上的关系，且
    $S=\{\langle a,b\rangle|(\exists c)(aRc\wedge cRb)\}$
    证明若 R 是等价关系，则 S 是等价关系.
证明：若 R 是等价关系，则对任意的 $a,b\in A$
    自反关系：$aRa\wedge aRa\Leftrightarrow aSa$
    对称关系：$aSb\Leftrightarrow aRc\wedge cRb\Leftrightarrow bRc\wedge cRa\Leftrightarrow bSa$
    传递关系：
        $aSb\wedge bSc$
        $\Leftrightarrow(aRx\wedge xRb)\wedge(bRy\wedge yRc)$

$\Leftrightarrow aRx \wedge xRy \wedge yRc$
$\Leftrightarrow aRy \wedge yRc$
$\Leftrightarrow aSc$

所以，S 是等价关系.

35. 设 $\mathbf{Z}_+$ 是正整数集合，$A = \mathbf{Z}_+ \times \mathbf{Z}_+$，$A$ 上的关系
$R = \{\langle\langle x,y\rangle,\langle u,v\rangle\rangle \mid xv = yu\}$.
证明 R 是等价关系.

证明：对任意的 $\langle\langle x,y\rangle,\langle u,v\rangle\rangle \in R$，
  自反关系：$xy = yx \Rightarrow \langle x,y\rangle R \langle x,y\rangle$
  对称关系：$\langle x,y\rangle R \langle u,v\rangle \Rightarrow xv = yu \Rightarrow uy = vx \Rightarrow \langle u,v\rangle R \langle x,y\rangle$
  传递关系：
    $\langle x,y\rangle R \langle u,v\rangle \wedge \langle u,v\rangle R \langle c,d\rangle$
    $\Rightarrow xv = yu \wedge ud = vc$
    $\Rightarrow xd = yc$
    $\Rightarrow \langle x,y\rangle R \langle c,d\rangle$

所以，R 是等价关系.

36. 设 R_1 和 R_2 是非空集合 A 上的等价关系，判断下列关系是否 A 上的等价关系，若不是则给出反例.
(1) $(A \times A) - R_1$；
(2) R_1^2；
(3) $R_1 - R_2$；
(4) $r(R_1 - R_2)$.

解：
(1) 不是.
  例如，$A = \{1,2,3\}$，$R_1 = \{\langle 1,1\rangle,\langle 2,2\rangle,\langle 1,2\rangle,\langle 2,1\rangle\}$.
(2) 是.
(3) 不是.
  例如，$R_1 = \{1,2\} \times \{1,2\}$，$R_2 = \{2,3\} \times \{2,3\}$.
(4) 不是.
  例如，$R_1 = \{1,2,3\} \times \{1,2,3\}$，$R_2 = \{1,2\} \times \{1,2\}$.

37. 设 R 是 A 上的关系，证明 $S = I_A \cup R \cup R^{-1}$ 是 A 上的相容关系.
证明：
  自反关系：
    对任意的 $x \in A$，$\langle x,x\rangle \in I_A \Rightarrow \langle x,x\rangle \in S$
  对称关系：
    对任意的 $\langle x,y\rangle \in S$ 且 $x \neq y$，则

$\langle x,y \rangle \in R \cup R^{-1}$

$\Rightarrow \langle x,y \rangle \in R \vee \langle x,y \rangle \in R^{-1}$

$\Rightarrow \langle y,x \rangle \in R^{-1} \vee \langle y,x \rangle \in R$

$\Rightarrow \langle y,x \rangle \in R \cup R^{-1}$

$\Rightarrow \langle y,x \rangle \in S$

所以，$S = I_A \cup R \cup R^{-1}$ 是 A 上的相容关系.

38. 设 $A = \{x_1, x_2, x_3, x_4, x_5, x_6\}$，设 R 是 A 上的相容关系，R 的简化关系如图 10.38. 求出 A 的完全覆盖.

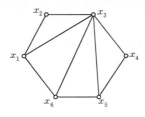

图 10.38

解：$C_R(A) = \{\{x_1, x_2, x_3\}, \{x_1, x_3, x_6\}, \{x_3, x_5, x_6\}, \{x_3, x_4, x_5\}\}$

39. 对下列集合的整除关系画出哈斯图.

(1) $\{1, 2, 3, 4, 6, 8, 12, 24\}$，

(2) $\{1, 2, 3, 4, 5, 6, 7, 8, 9\}$.

解：

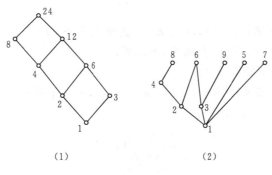

图 10.39

40. 写出下列哈斯图的集合和集合上的偏序关系.

解：

(1) $A = \{a, b, c, d, e, f, g\}$

　　$R = I_A \cup \{\langle a,b \rangle, \langle a,c \rangle, \langle a,d \rangle, \langle a,e \rangle, \langle a,f \rangle, \langle a,g \rangle, \langle b,d \rangle, \langle b,e \rangle, \langle c,f \rangle, \langle c,g \rangle\}$

(2) $A = \{a, b, c, d, e, f\}$

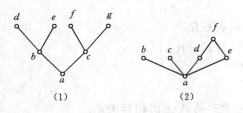

图 10.40

$R = I_A \cup \{\langle a,b\rangle, \langle a,c\rangle, \langle a,d\rangle, \langle a,e\rangle, \langle a,f\rangle, \langle d,f\rangle, \langle e,f\rangle\}$

41. 画出下列偏序集 $\langle A,R\rangle$ 的哈斯图,并写出 A 的极大元、极小元、最大元、最小元.

(1) $A = \{a,b,c,d,e\}$,
    $R = \{\langle a,d\rangle, \langle a,c\rangle, \langle a,b\rangle, \langle a,e\rangle, \langle b,e\rangle, \langle c,e\rangle, \langle d,e\rangle\} \cup I_A$,

(2) $A = \{a,b,c,d\}$,
    $R = \{\langle c,d\rangle\} \cup I_A$.

解:

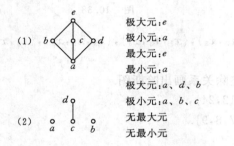

(1) 极大元:e
    极小元:a
    最大元:e
    最小元:a

(2) 极大元:a,d,b
    极小元:a,b,c
    无最大元
    无最小元

图 10.41

42. 设 $\mathbf{Z}_+ = \{x \mid x \in \mathbf{Z} \wedge x > 0\}$,$D$ 是 $\mathbf{Z}_+$ 上的整除关系,$T = \{1,2,\cdots,10\} \subseteq \mathbf{Z}_+$. 在偏序集 $\langle \mathbf{Z}_+,D\rangle$ 中,求 T 的上界、下界、上确界、下确界.

解: T 的下界为 1,下确界为 1.
T 的上界为 $n \times 5 \times 7 \times 8 \times 9 = 2520n(n=1,2,\cdots)$,上确界为 2520.

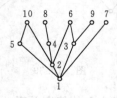

图 10.42

43. 设 R 是 A 上的偏序关系,$B \subseteq A$. 证明 $R \cap (B \times B)$ 是 B 上的偏序关系.

证明:

(1) 自反性:对任意的 x,

$x \in B \Rightarrow \langle x,x \rangle \in R \wedge \langle x,x \rangle \in B \times B \Rightarrow \langle x,x \rangle \in R \cap B \times B$

(2) 反对称性:对任意的 x,y,

$x,y \in B \Rightarrow \langle x,y \rangle \in R \wedge \langle x,y \rangle \in B \times B \Rightarrow \langle x,y \rangle \in R \cap B \times B$

同理 $\langle y,x \rangle \in R \cap B \times B$

由 R 的偏序关系,得 $x=y$

(3) 传递性:对任意的 x,y,z,

$x,y,z \in B$

$\Rightarrow \langle x,y \rangle, \langle y,z \rangle \in R \cap B \times B$

$\Rightarrow (\langle x,y \rangle, \langle y,z \rangle \in R) \wedge (\langle x,y \rangle, \langle y,z \rangle \in B \times B)$,

$\Rightarrow \langle x,z \rangle \in R \wedge \langle x,z \rangle \in B \times B$

$\Rightarrow \langle x,z \rangle \in R \cap B \times B$

因此,$R \cap (B \times B)$ 是 B 上的偏序关系.

44. 设 $\langle A, R_1 \rangle$ 和 $\langle B, R_2 \rangle$ 是两个偏序集,定义 $A \times B$ 上的关系 R 为,对 $a_1, a_2 \in A$ 和 $b_1, b_2 \in B, \langle a_1, b_1 \rangle R \langle a_2, b_2 \rangle \Leftrightarrow a_1 R_1 a_2 \wedge b_1 R_2 b_2$. 证明 R 是 $A \times B$ 上的偏序关系.

证明:

(1) 自反性:对任意的 $\langle a,b \rangle$

$\langle a,b \rangle \in A \times B \Rightarrow a R_1 a \wedge b R_2 b \Rightarrow \langle a,b \rangle R \langle a,b \rangle$

(2) 反对称性:对任意的 $\langle a_1, b_1 \rangle, \langle a_2, b_2 \rangle$

$\langle a_1, b_1 \rangle R \langle a_2, b_2 \rangle \wedge \langle a_2, b_2 \rangle R \langle a_1, b_1 \rangle$

$\Rightarrow a_1 R_1 a_2 \wedge a_2 R_1 a_1 \wedge b_1 R_2 b_2 \wedge b_2 R_2 b_1$

$\Rightarrow a_1 = a_2 \wedge b_1 = b_2$

$\Rightarrow \langle a_1, b_1 \rangle = \langle a_2, b_2 \rangle$

(3) 传递性:对任意的 $\langle a_1, b_1 \rangle, \langle a_2, b_2 \rangle, \langle a_3, b_3 \rangle$

$\langle a_1, b_1 \rangle R \langle a_2, b_2 \rangle \wedge \langle a_2, b_2 \rangle R \langle a_3, b_3 \rangle$

$\Rightarrow a_1 R_1 a_2 \wedge a_2 R_1 a_3 \wedge b_1 R_2 b_2 \wedge b_2 R_2 b_3$

$\Rightarrow a_1 R_1 a_3 \wedge b_1 R_2 b_3$

$\Rightarrow \langle a_1, b_1 \rangle R \langle a_3, b_3 \rangle$

因此,R 是 $A \times B$ 上的偏序关系.

45. 给出 $A=\{0,1,2\}$ 上所有的偏序关系的哈斯图.

解: 共有 19 种(见图 10.45).

46. 对集合 A,下列的 R 都是 $P(A) \times P(A)$ 上的关系. R 是否偏序关系,是否全序关系.

(1) $\langle P,Q \rangle R \langle X,Y \rangle \Leftrightarrow (P \oplus Q) \subseteq (X \oplus Y)$,

(2) $\langle P,Q \rangle R \langle X,Y \rangle \Leftrightarrow P \subseteq X \wedge Q \subseteq Y$.

解:

(1) R 不是偏序关系,也不是全序关系.

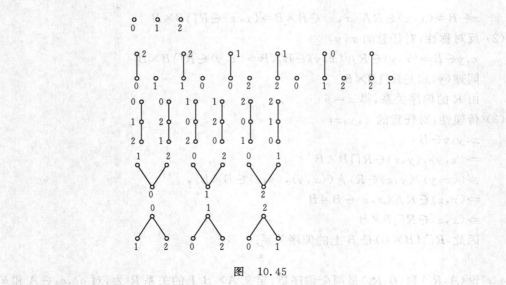

图 10.45

$$((\langle P,Q\rangle R\langle X,Y\rangle) \wedge (\langle X,Y\rangle R\langle P,Q\rangle)$$
$$\Leftrightarrow ((P\oplus Q)\subseteq (X\oplus Y)) \wedge ((X\oplus Y)\subseteq (P\oplus Q))$$
$$\Leftrightarrow P\oplus Q = X\oplus Y$$
$$\not\Rightarrow (P=X) \wedge (Q=Y) \Leftrightarrow \langle P,Q\rangle = \langle X,Y\rangle$$

例如取 $\langle P,Q\rangle = \langle A,\varnothing\rangle, \langle X,Y\rangle = \langle \varnothing,A\rangle$,而 $A\neq \varnothing$. 显然 R 不是全序关系.

(2) R 是偏序关系,但不是全序关系.

R 是偏序关系,证明如下:

自反性: $\forall \langle P,Q\rangle \in P(A)\times P(A), P\subseteq P \wedge Q\subseteq Q \Leftrightarrow \langle P,Q\rangle R\langle P,Q\rangle$

反对称性:
$\forall \langle P,Q\rangle, \langle X,Y\rangle \in P(A)\times P(A)$,
$(\langle P,Q\rangle R\langle X,Y\rangle) \wedge (\langle X,Y\rangle R\langle P,Q\rangle)$
$\Leftrightarrow ((P\subseteq X) \wedge (Q\subseteq Y)) \wedge ((X\subseteq P) \wedge (Y\subseteq Q))$
$\Leftrightarrow (P=X) \wedge (Q=Y) \Leftrightarrow \langle P,Q\rangle = \langle X,Y\rangle$

传递性:
$\forall \langle P,Q\rangle, \langle X,Y\rangle, \langle M,N\rangle \in P(A)\times P(A)$,
$\langle P,Q\rangle R\langle X,Y\rangle \wedge (\langle X,Y\rangle R\langle M,N\rangle)$
$\Leftrightarrow ((P\subseteq X) \wedge (Q\subseteq Y)) \wedge ((X\subseteq M) \wedge (Y\subseteq N))$
$\Leftrightarrow (P\subseteq M) \wedge (Q\subseteq N) \Leftrightarrow \langle P,Q\rangle R\langle M,N\rangle$

所以 R 为偏序关系,但不是全序关系,例如取:
$A\not\subseteq B$,则 $\langle A,B\rangle \overline{R}\langle B,A\rangle, \langle B,A\rangle \overline{R}\langle A,B\rangle$.

47. 找出在集合 $\{0,1,2,3\}$ 上包含 $\langle 0,3\rangle$ 和 $\langle 2,1\rangle$ 的全序关系.

解:共有 6 个全序关系,如下图:

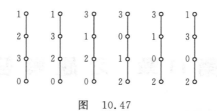

图 10.47

或表示为：

$R_1 = \{\langle 0,3\rangle, \langle 2,1\rangle, \langle 0,2\rangle, \langle 0,1\rangle, \langle 2,3\rangle, \langle 3,1\rangle\} \cup I_A$；

$R_2 = \{\langle 0,3\rangle, \langle 2,1\rangle, \langle 0,2\rangle, \langle 0,1\rangle, \langle 3,2\rangle, \langle 3,1\rangle\} \cup I_A$；

$R_3 = \{\langle 0,3\rangle, \langle 2,1\rangle, \langle 0,2\rangle, \langle 0,1\rangle, \langle 2,3\rangle, \langle 1,3\rangle\} \cup I_A$；

$R_4 = \{\langle 0,3\rangle, \langle 2,1\rangle, \langle 2,0\rangle, \langle 0,1\rangle, \langle 2,3\rangle, \langle 1,3\rangle\} \cup I_A$；

$R_5 = \{\langle 0,3\rangle, \langle 2,1\rangle, \langle 2,0\rangle, \langle 0,1\rangle, \langle 2,3\rangle, \langle 3,1\rangle\} \cup I_A$；

$R_6 = \{\langle 0,3\rangle, \langle 2,1\rangle, \langle 2,0\rangle, \langle 1,0\rangle, \langle 2,3\rangle, \langle 1,3\rangle\} \cup I_A$。

48. 构造下列集合的例子．

(1) 非空全序集，它的某些子集无最小元；

(2) 非空偏序集，不是全序集．它的某些子集没有最大元；

(3) 非空偏序集，它有一个子集没有最小元，但具有下确界；

(4) 非空偏序集，它有一个子集具有上界但没有上确界．

解：

(1) 全序集 $\langle \mathbf{Z}, \leqslant \rangle$，$\mathbf{Z}$ 为整数集，其子集 $Z_- = \{x \mid x \in \mathbf{Z} \wedge x < 0\}$，无最小元．

(2) 偏序集 $\langle \mathbf{Z}, R_D \rangle$，$\mathbf{Z}$ 为整数集，R_D 为整除关系，子集 $\{2,3\}$ 上没有最大元．

(3) 偏序集 $\langle \mathbf{Z}, R_D \rangle$，子集 $A = \{x \mid x \in \mathbf{Z} \wedge x > 1\}$，$A$ 上没有最小元，有下确界 1．

(4) 方法 1：取 $R^* = R \setminus \{0\} = R_- \cup R_+$，$\mathbf{R}$ 为实数集，$R_- = \{x \mid x \in \mathbf{R} \wedge x < 0\}$，$R_+ = \{x \mid x \in \mathbf{R} \wedge x > 0\}$，偏序集为 $\langle R^*, \leqslant \rangle$，子集 R_- 有上界，为 R_+ 中任一元素，但无上确界，因为 R_+ 中无最小元．

方法 2：取 $A = \{1,2,3\}$，$R_A = I_A \cup \{\langle 1,2\rangle, \langle 1,3\rangle\}$，则 $\langle A, R_A \rangle$ 为偏序集．$B = \{1\} \subseteq A$，B 的上界为 2,3，但无上确界．

第 11 章 习题解答

1. 下列关系中哪个是函数？
(1) $\{\langle x,y\rangle | x\in \mathbf{N}\wedge y\in \mathbf{N}\wedge x+y<10\}$，
(2) $\{\langle x,y\rangle | x\in \mathbf{R}\wedge y\in \mathbf{R}\wedge x=y^2\}$，
(3) $\{\langle x,y\rangle | x\in \mathbf{R}\wedge y\in \mathbf{R}\wedge y=x^2\}$.

解：
(1) 不是函数
(2) 不是函数
(3) 是函数

2. 下列集合是函数吗？如果是，写其定义域和值域.
(1) $\{\langle 1,\langle 2,3\rangle\rangle,\langle 2,\langle 3,2\rangle\rangle,\langle 3,\langle 4,1\rangle\rangle\}$，
(2) $\{\langle 1,\langle 2,3\rangle\rangle,\langle 2,\langle 3,4\rangle\rangle,\langle 1,\langle 3,4\rangle\rangle\}$，
(3) $\{\langle 1,\langle 2,3\rangle\rangle,\langle 2,\langle 2,3\rangle\rangle,\langle 3,\langle 2,3\rangle\rangle\}$.

解：
(1) 是函数
  $\mathrm{dom}(f)=\{1,2,3\}, \mathrm{ran}(f)=\{\langle 2,3\rangle,\langle 3,2\rangle,\langle 4,1\rangle\}$
(2) 不是函数
(3) 是函数
  $\mathrm{dom}(f)=\{1,2,3\}, \mathrm{ran}(f)=\{\langle 2,3\rangle\}$

3. 设 $f,g\in A_B$，且 $f\cap g\neq\varnothing$，$f\cap g$ 和 $f\cup g$ 是函数吗？如果是，证明之，不是则举反例.

解：
(1) $f\cap g$ 不是函数.
   例如，$A=\{1,2,3\}, B=\{1,2,3\}$
   $f=\{\langle 1,1\rangle,\langle 2,2\rangle,\langle 3,3\rangle\}, g=\{\langle 1,1\rangle,\langle 2,3\rangle,\langle 3,2\rangle\}$
   $f\cap g=\{\langle 1,1\rangle\}$，显然不是函数.
(2) $f\cup g$ 不是函数.
   例如，$A=\{1,2,3\}, B=\{1,2,3\}$
   $f=\{\langle 1,1\rangle,\langle 2,2\rangle,\langle 3,3\rangle\}, g=\{\langle 1,1\rangle,\langle 2,3\rangle,\langle 3,2\rangle\}$
   则，$f\cup g=\{\langle 1,1\rangle,\langle 2,2\rangle,\langle 2,3\rangle,\langle 3,2\rangle,\langle 3,3\rangle\}$，显然不是函数.

4. 设 f：$\mathbf{N}\to \mathbf{N}, f(x)=\begin{cases} 1 & \text{当 } x \text{ 是奇数,} \\ x/2 & \text{当 } x \text{ 是偶数.} \end{cases}$

求 $f(0), f[\{0\}], f[\{0,2,4,6,\cdots\}], f[\{1,3,5,\cdots\}], f^{-1}[\{2\}], f^{-1}[\{3,4\}]$.

解: $f(0)=0$
$f[\{0\}]=\{0\}$
$f[\{0,2,4,6,\cdots\}]=\{0,1,2,3,\cdots\}$
$f[\{1,3,5,\cdots\}]=\{1\}$
$f^{-1}[\{2\}]=\{4\}$
$f^{-1}[\{3,4\}]=\{6,8\}$

5. 对下列函数分别确定:
(a) 是否是满射的、单射的、双射的;如果是双射的,写出 f^{-1} 的表达式.
(b) 写出函数的象和对给定集合 S 的完全原象.
(c) 关系 $R=\{\langle x,y\rangle|x,y\in\mathrm{dom}(f)\wedge f(x)=f(y)\}$ 是 $\mathrm{dom}(f)$ 上的等价关系,一般称为由函数 f 导出的等价关系,求 **R**.
(1) $f:\mathbf{R}\rightarrow(0,\infty), f(x)=2^x, S=[1,2]$.
(2) $f:\mathbf{N}\rightarrow\mathbf{N}, f(n)=2n+1, S=\{2,3\}$.
(3) $f:\mathbf{Z}\rightarrow\mathbf{N}, f(x)=|x|, S=\{0,2\}$.
(4) $f:\mathbf{N}\rightarrow\mathbf{N}\times\mathbf{N}, f(n)=\langle n,n+1\rangle, S=\{\langle 2,2\rangle\}$.
(5) $f:[0,1]\rightarrow[0,1], f(x)=\dfrac{2x+1}{4}, S=\left[0,\dfrac{1}{2}\right]$.

解:
(1) 双射,$f^{-1}(x)=\log_2 x, f[\mathbf{R}]=(0,\infty), f^{-1}(S)=[0,1]$,等价关系 $\mathbf{R}=I_R$.
(2) 单射,$f[\mathbf{N}]=\{x|x=2n+1\wedge n\in N\}, f^{-1}(S)=\{1\}$,等价关系 $\mathbf{R}=I_N$.
(3) 满射,$f[\mathbf{Z}]=\mathbf{N}, f^{-1}(S)=[-2,0,2]$,等价关系 $\mathbf{R}=I_Z\cup\{\langle -x,x\rangle|x\in\mathbf{Z}\}$.
 或 $R=I_Z\cup\{\langle x,y\rangle|x+y=0\wedge x\in\mathbf{Z}\wedge y\in\mathbf{Z}\}$
 或 $R=\{\langle x,y\rangle|(x=y\vee x=-y)\wedge x\in\mathbf{Z}\wedge y\in\mathbf{Z}\}$
 或 $R=\{\langle x,y\rangle||x|=|y|\wedge x\in\mathbf{Z}\wedge y\in\mathbf{Z}\}$
(4) 单射,$f[\mathbf{N}]=\{\langle n,n+1\rangle|n\in\mathbf{N}\}, f^{-1}(S)=\varnothing$,等价关系 $R=I_N$.
(5) 单射,$f[0,1]=\left[\dfrac{1}{4},\dfrac{3}{4}\right], f^{-1}(S)=\left[0,\dfrac{1}{2}\right]$,等价关系 $R=I_{[0,1]}$.

6. 下列函数是否满射的,单射的,双射的?
(1) $f:\mathbf{R}\rightarrow\mathbf{R}, f(x)=x^2-2x-15$,
(2) $f:\mathbf{N}-\{0\}\rightarrow\mathbf{R}, f(x)=\log_2 x$,
(3) $f:\mathbf{N}\rightarrow\mathbf{N}, f(x)=\begin{cases}1, x\text{ 是奇数}\\0, x\text{ 是偶数}\end{cases}$,
(4) $f:\mathbf{N}\rightarrow\mathbf{N}, f(x)=x\bmod 3$.
 (其中,$x\bmod 3$ 是 x 除以 3 的余数.)

解：
(1) 非满射、非单射.
(2) 单射.
(3) 非满射、非单射.
(4) 非满射、非单射.

7. 设 R 是 A 上的等价关系，$g：A→A/R$ 是自然映射，什么条件下 g 是双射的？

解：方法一：
$g：A→A/R$，记 $a∈A$，$\bar{a}$ 为 a 的等价数，令 $g(a)=\bar{a}$，g 为满射，
若要满足 g 为单射，即要使 $a\neq b \Rightarrow \bar{a}\neq \bar{b}$，即 $\bar{a}\cap \bar{b}=\varnothing$，要求 $R=I_A$.
因此，$R=I_A$ 时，g 为双射的.

方法二：
g 是双射，则 A 与 A/R 中的元素个数相同，故 R 必为恒等关系.
反之，若 R 为恒等关系，则易知 g 必为双射.
所以，当且仅当 R 为恒等关系时，g 是双射的.

8. 找到集合 A 和函数 $f, g \in A_A$，使 f 是单射的且 g 是满射的，但都不是双射的. 要求 A 尽可能小.

解：假设 A 为有限集，设 $A=\{a_1, a_2, \cdots, a_n\}$，$|A|=n$.
由于 $f(a_1), \cdots, f(a_n)$ 互不相同且均在 A 中，
所以 $f(a_1), \cdots, f(a_n)$ 为 $a_1, a_2, \cdots, a_n$ 的一个排列. f 为双射.
因此，A 不是有限集.
对于 $A=N$，取 $f(x)=2x+1$，则 f 是单射且非满射.
取 $g(x)=\begin{cases} x/2, & x \text{ 为偶数} \\ x-1/2, & x \text{ 为奇数} \end{cases}$，则 g 是满射且非单射.
由于 A 与 N 等势，可知 A 已是最小的.

9. 对有限集合 A 和 B，$|A|=m$，$|B|=n$，求出下列情况下 m 和 n 应满足的条件.
(1) 存在从 A 到 B 的单射函数.
(2) 存在从 A 到 B 的满射函数.
(3) 存在从 A 到 B 的双射函数.

解：
(1) $m \leq n$
(2) $m \geq n$
(3) $m = n$

10. 对下列集合 A 和 B，构造从 A 到 B 的双射函数.
(1) $A=\{1,2,3\}$，$B=\{a,b,c\}$.
(2) $A=(0,1)\subseteq \mathbf{R}$，$B=(1,3)\subseteq \mathbf{R}$.

(3) $A=P(x), B=X_Y$, 其中 $X=\{a,b,c\}, Y=\{0,1\}$.

解:

(1) $f: A \to B$ $f(1)=a, f(2)=b, f(3)=c$
   $f=\{\langle 1,a\rangle, \langle 2,b\rangle, \langle 3,c\rangle\}$

(2) $f: A \to B$ $f(x)=2x+1$

(3) $A=P(x)=\{\varnothing, \{a\}, \{b\}, \{c\}, \{a,b\}, \{a,c\}, \{b,c\}, \{a,b,c\}\}$
   $B=X_Y=\{f_1, f_2, f_3, f_4, f_5, f_6, f_7, f_8\}$
   $f_1=\{\langle a,0\rangle, \langle b,0\rangle, \langle c,0\rangle\}$
   $f_2=\{\langle a,0\rangle, \langle b,0\rangle, \langle c,1\rangle\}$
   $f_3=\{\langle a,0\rangle, \langle b,1\rangle, \langle c,0\rangle\}$
   $f_4=\{\langle a,0\rangle, \langle b,1\rangle, \langle c,1\rangle\}$
   $f_5=\{\langle a,1\rangle, \langle b,0\rangle, \langle c,0\rangle\}$
   $f_6=\{\langle a,1\rangle, \langle b,0\rangle, \langle c,1\rangle\}$
   $f_7=\{\langle a,1\rangle, \langle b,1\rangle, \langle c,0\rangle\}$
   $f_8=\{\langle a,1\rangle, \langle b,1\rangle, \langle c,1\rangle\}$
   $f=\left\{\begin{matrix}\langle\varnothing, f_1\rangle, \langle\{a\}, f_2\rangle, \langle\{b\}, f_3\rangle, \langle\{c\}, f_4\rangle, \\ \langle\{a,b\}, f_5\rangle, \langle\{a,c\}, f_6\rangle, \langle\{b,c\}, f_7\rangle, \langle\{a,b,c\}, f_8\rangle\end{matrix}\right\}$

11. 对 $f: A \to B$, 定义 $g: B \to P(A)$ 为 $g(b)=\{x \mid x\in A \wedge f(x)\in b\}$.
证明若 f 是满射的, 则 g 是单射的. 其逆是否成立?

证明: 对任意的 $b_1, b_2 \in B$ 且 $b_1 \neq b_2$
   $g(b_1)=\{x \mid x\in A \wedge f(x)\in b_1\}$
   $g(b_2)=\{x \mid x\in A \wedge f(x)\in b_2\}$
   若 f 是满射, 那么存在 x_1, x_2, 使 $f(x_1)=b_1, f(x_2)=b_2$
   因为 f 是函数, 所以 $x_1 \neq x_2$, 所以 $g(b_1) \neq g(b_2)$.
   所以, g 是单射的.
   其逆不成立.

12. 设 $f: A \to B, g: C \to D, f \subseteq g, C \subseteq A$, 证明 $f=g$.

证明:

$\forall \langle x,y \rangle \in g$, 有 $x \in C$, 由 $C \subseteq A$, 则 $x \in A$,
那么 $\exists y_0, f(x)=y_0$, 即 $\langle x, y_0 \rangle \in f$,
又由 $f \subseteq g$, 则 $\langle x, y_0 \rangle \in g$.
由函数定义易知 $y=y_0$, 因此 $\langle x,y \rangle \in f$
则 $g \subseteq f$, 所以 $f=g$.

13. 设 $f, g, h \in \mathbf{R_R}, f(x)=x+3, g(x)=2x+1, h(x)=\dfrac{x}{2}$. 求出 $g \circ f, f \circ g, f \circ f, g \circ g$,

$f\circ h, h\circ g, h\circ f, f\circ h\circ g$.

解：
$$g\circ f=2(x+3)+1=2x+7$$
$$f\circ g=(2x+1)+3=2x+4$$
$$f\circ f=(x+3)+3=x+6$$
$$g\circ g=2(2x+1)+1=4x+3$$
$$f\circ h=\frac{x}{2}+3$$
$$h\circ g=\frac{2x+1}{2}=x+\frac{1}{2}$$
$$h\circ f=\frac{x+3}{2}=\frac{x}{2}+\frac{3}{2}$$
$$f\circ h\circ g=\frac{2x+1}{2}+3=x+\frac{7}{2}$$

14. 设 $f,g,h\in \mathbf{N_N}$，$f(n)=n+1$，$g(n)=2n$，$h(n)=\begin{cases}0 & n\text{ 是偶数}\\1 & n\text{ 是奇数}\end{cases}$，求出 $f\circ f, f\circ g, g\circ f$，$g\circ h, h\circ g, (f\circ g)\circ h$.

解：
$$f\circ f(n)=n+2, f\circ g(n)=2n+1, g\circ f(n)=2n+2,$$
$$g\circ h(n)=\begin{cases}1 & n\text{ 为偶数}\\1 & n\text{ 为奇数}\end{cases}, h\circ g(n)=0, (f\circ g)\circ h(n)=\begin{cases}1 & n\text{ 为偶数}\\3 & n\text{ 为奇数}\end{cases}.$$

15. 证明定理 11.2.4.

证明：
$$(f\circ I_A)(x)=f(I_A(x))=f(x)$$
$$(I_B\circ f)(x)=I_B(f(x))=f(x)$$

16. 设 $h\in A_A$，证明"对一切 $f,g\in A_A$，如果 $h\circ f=h\circ g$ 则 $f=g$"成立的充要条件是"h 是单射的".

证明：方法一：充分性：假设 h 是单射的，
$h\circ f=h\circ g$
$\Rightarrow (\forall x)(x\in A\to (\exists y)(y\in A\wedge (x(h\circ f)y\wedge x(h\circ g)y)))$
$\Rightarrow (\forall x)(x\in A\to (\exists y)(y\in A\wedge (\exists t_1)(\exists t_2)(xft_1\wedge t_1hy\wedge xgt_2\wedge t_2hy)))$
又 h 单射 $\Rightarrow t_1=t_2\Rightarrow f=g$
必要性：
$h\circ f=h\circ g$
$\Rightarrow (\forall x)(x\in A\to (\exists y)(y\in A\wedge (x(h\circ f)y\wedge x(h\circ g)y)))$
$\Rightarrow (\forall x)(x\in A\to (\exists y)(y\in A\wedge (\exists t_1)(\exists t_2)(xft_1\wedge t_1hy\wedge xgt_2\wedge t_2hy)))$

$f=g \Rightarrow t_1=t_2 \Rightarrow h$ 是单射的.

方法二：

$\Rightarrow$：$\forall x, h \circ f(x)=h \circ g(x) \Rightarrow h(f(x))=h(g(x)) \Rightarrow f(x)=g(x) \Rightarrow f=g$

$\Leftarrow$：反证法,若 h 不是单射,则 $\exists x_1, x_2, y \in A, x_1 \neq x_1, h(x_1)=h(x_2)=y$

令 $f(x)=\begin{cases} x_1 & x_1=x_0 \\ 1 & x_1 \neq x_0 \end{cases}, g(x)=\begin{cases} x_2 & x_1=x_0 \\ 1 & x_1 \neq x_0 \end{cases}$,

显然 $f \neq g$,而 $h \circ f(x)=h \circ g(x)$,与已知矛盾,所以假设不成立,即 h 为单射.

17. 设 $f: A \to B, g: B \to C, (g \circ f)^{-1}: C \to A$,说明 g 不一定是单射的.

解：

取 $A=\{1,2\}, B=\{1,2,3,4\}, C=\{1,2\}$,

$f(1)=1, f(2)=2, g(1)=1, g(2)=g(3)=g(4)=2$

则 $(g \circ f): A \to C, (g \circ f)(1)=1, (g \circ f)(2)=2$,

显然 $(g \circ f)$ 为双射,$(g \circ f)^{-1}$ 存在,而 g 不是单射.

18. 设 π 和 π_1 是非空集合 A 上的两个划分,如果 π_1 的每个划分块都包含在 π 的某个划分块中,则称 π_1 是 π 的加细,并写为 $\pi_1 \leqslant \pi$.加细关系 $\leqslant$ 是 A 的一些划分组成的非空集合上的偏序关系.

设 $f_1, f_2, f_3, f_4 \in R_R$,分别定义为

$$f_1(x)=\begin{cases} 1 & x \geqslant 0 \\ -1 & x<0 \end{cases}, \quad f_2(x)=\begin{cases} -1 & x \notin \mathbf{Z} \\ 1 & x \in \mathbf{Z} \end{cases}$$

$f_3(x)=x, f_4(x)=1$. 对 $i=1,2,3,4$,令 E_i 是由 f_i 导出的等价关系(见第 5 题(c)).

(1) 对 $B=\{\mathbf{R}/E_1, \mathbf{R}/E_2, \mathbf{R}/E_3, \mathbf{R}/E_4\}$ 和 B 上的加细关系 $\leqslant$,画出偏序集 $\langle B, \leqslant \rangle$ 的哈斯图(其中 $\mathbf{R}$ 是实数集).

(2) 对 $i=1,2,3,4$,定义 $g_i: \mathbf{R} \to \mathbf{R}/E_i$ 为

$$g_i(x)=[x]_{E_i}. \text{ 分别求 } g_i(o).$$

解：

(1) $\mathbf{R}/E_1=\{(-\infty,0),[0,+\infty)\}, \mathbf{R}/E_2=\{\mathbf{Z}, \mathbf{R}-\mathbf{Z}\}$

$\mathbf{R}/E_3=\{\{x\} | x \in R\}, \mathbf{R}/E_4=\{\mathbf{R}\}$

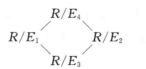

(2) $g_1(0)=[0,+\infty), g_2(0)=Z, g_3(0)=\{0\}, g_4(0)=R$.

19. 证明模糊子集的 $\cup$ 和 $\cap$ 运算满足交换律,结合律,幂等律,吸收律,分配律和摩根律.(略)

20. 设 E 是全集，$A\subseteq E$，$B\subseteq E$，证明对任意的 $x\in E$，
(1) $(\forall x)\chi_A(x)\leqslant \chi_B(x)\Leftrightarrow A\subseteq B$，
(2) $\chi_{A\cap B}(x)=\min(\chi_A(x),\chi_B(x))$，
(3) $\chi_{A\cup B}(x)=\max(\chi_A(x),\chi_B(x))$，
(4) $\chi_{A-B}(x)=\chi_A(x)-\chi_{A\cap B}(x)$.

证明：

(1) 证明：

① 由 $(\forall x)(\chi_A(x)\leqslant \chi_B(x))$，则
$(\forall x)(x\in A)\Rightarrow \chi_A(x)=1\Rightarrow \chi_B(x)=1\Rightarrow x\in B$，即有 $A\subseteq B$

② 由 $A\subseteq B$，则若 $x\in A$，$\chi_A(x)=\chi_B(x)=1$，
若 $x\notin A$，$\chi_A(x)=0$，$\chi_B(x)\geqslant 0$，所以 $\chi_A(x)\leqslant \chi_B(x)$

综上所述，$(\forall x)\chi_A(x)\leqslant \chi_B(x)\Leftrightarrow A\subseteq B$.

(2) 证明：

若 $x\in A\cap B$，即 $x\in A$ 且 $x\in B$，则 $\chi_A(x)=1$ 且 $\chi_B(x)=1$
故 $\min(\chi_A(x),\chi_B(x))=1=\chi_{A\cap B}(x)$
若 $x\notin A\cap B$，即 $x\notin A$ 或 $x\notin B$，则 $\chi_A(x)=0$ 或 $\chi_B(x)=0$
故 $\min(\chi_A(x),\chi_B(x))=0=\chi_{A\cap B}(x)$

综上所述，$\chi_{A\cap B}(x)=\min(\chi_A(x),\chi_B(x))$.

(3) 证明：

若 $x\in A\cup B$，即 $x\in A$ 或 $x\in B$，则 $\chi_A(x)=1$ 或 $\chi_B(x)=1$
故 $\max(\chi_A(x),\chi_B(x))=1=\chi_{A\cup B}(x)$
若 $x\notin A\cup B$，即 $x\notin A$ 且 $x\notin B$，则 $\chi_A(x)=0$ 且 $\chi_B(x)=0$
故 $\max(\chi_A(x),\chi_B(x))=0=\chi_{A\cup B}(x)$

综上所述，$\chi_{A\cup B}(x)=\max(\chi_A(x),\chi_B(x))$.

(4) 证明：

全集 $E=(-A)\cup(A-B)\cup(A\cap B)$，且这三个子集互不相交
若 $x\in -A$，$\chi_A(x)=0$，$\chi_{A\cap B}(x)=0$，$\chi_{A-B}(x)=0=\chi_A(x)-\chi_{A\cap B}(x)$
若 $x\in A-B$，$\chi_A(x)=1$，$\chi_{A\cap B}(x)=0$，$\chi_{A-B}(x)=1=\chi_A(x)-\chi_{A\cap B}(x)$
若 $x\in A\cap B$，$\chi_A(x)=1$，$\chi_{A\cap B}(x)=1$，$\chi_{A-B}(x)=0=\chi_A(x)-\chi_{A\cap B}(x)$

综上所述，$\chi_{A-B}(x)=\chi_A(x)-\chi_{A\cap B}(x)$

21. 用例 3 中的 Y 和 O，给出"又不老又不年青"的隶属函数. 给出 $Y_{0.5}$，$O_{0.5}$. 综上所述，
$\chi_{A-B}(x)=\chi_A(x)-\chi_{A\cap B}(x)$

解：

以 S 表示"又不老又不年青"的集合，即 $S=-Y\cap -O=-(Y\cup O)$.
$u_s(x)=1-\max(u_Y(x)-u_O(x))$

$$= \begin{cases} 0 & 0 \leqslant x \leqslant 25 \\ 1-\left[1+\left(\dfrac{x-25}{5}\right)^2\right]^{-1} & 25 < x \leqslant 50 \\ 1-\max\left(\left[1+\left(\dfrac{x-50}{5}\right)^{-2}\right]^{-1}, \left[1+\left(\dfrac{x-25}{5}\right)^2\right]^{-1}\right) & 50 < x \leqslant 200 \end{cases}$$

$Y_{0.5} = \{0, 1, \cdots, 30\}$ $O_{0.5} = \{55, 56, \cdots, 200\}$

第 12 章 习 题 解 答

1. 证明定理 12.2.2.

证明:

(1) 存在双射函数 $f:A\to A, f(x)=x$.

(2) 由 $A\approx B$, 存在双射函数 $f:A\to B$, 则必存在双射函数 $f^{-1}:B\to A$, 即说明 $A\approx B$.

(3) 由 $A\approx B$, 存在双射函数 $f:A\to B$, 同理存在双射函数 $g:B\to C$, 则存在双射函数 $(g\circ f):A\to C$, 所以 $A\approx C$.

2. 用等势定义证明 $[0,1]\approx[a,b], (a,b\in \mathbf{R}, a<b)$.

证明: 存在双射函数 $f:[0,1]\to[a,b]$,
$$f(x)=a+(b-a)*x \quad (x\in[0,1])$$

3. 对集合 A、B、C 和 D, 若 $A\approx C, B\approx D$, 证明 $A\times B\approx C\times D$.

证明: 由 $A\approx C$, 存在双射函数 $f:A\to C$, 同理存在双射函数 $g:B\to D$, 令 $h:A\times B\to C\times D, h(\langle x,y\rangle)=\langle f(x),g(y)\rangle$, 易知 h 为双射, 所以 $A\times B\approx C\times D$.

4. 写出 $\mathbf{N}$ 的三个与 $\mathbf{N}$ 等势的真子集.

解: 参见第 10 题的解.

5. 证明 12.5 例 4 的 (2)、(3) 和 (4).

证明:

(2) 令 $K=\{0,1,\cdots,n^{-1}\}, \operatorname{card}(K)=n$,
则 $K\times N$ $\{\langle 0,0\rangle,\langle 0,1\rangle,\langle 0,2\rangle,\cdots$
$\langle 1,0\rangle,\langle 1,1\rangle,\langle 1,2\rangle,\cdots$
$\vdots \quad \vdots \quad \vdots$
$\langle n-1,0\rangle,\langle n-1,1\rangle,\langle n-1,2\rangle,\cdots\}$
可以构造双射函数 $f:K\times N\to N, f(\langle x,y\rangle)=ny+x$
说明 $K\times N\approx N$, 则 $n\cdot\aleph_0=\aleph_0$.

(3) 令 Z 为整数集, N 为自然数集, $Z_-=\{x|x<0\wedge x\in Z\}$, 显然 $\operatorname{card}(N)=\aleph_0, \operatorname{card}(Z_-)=\aleph_0$.
而 $N\cup Z_-=Z$, 易知 $Z\approx N$, 因此 $\aleph_0+\aleph_0=\aleph_0$.

(4) 易知存在双射函数 $f:N\times N\to N$, (见 11.1.2 例 6(4)), 则 $N\times N\approx N$, 所以 $\aleph_0\cdot\aleph_0=\aleph_0$.

6. 用运算的定义证明：对任意的基数 k，有 $k+k=2 \cdot k$.

证明：取集合 k_1, k_2，使 $\mathrm{card}(k_1)=k, \mathrm{card}(k_2)=k, k_1 \cap k_2 = \varnothing$

$$k+k = \mathrm{card}(k_1 \cup k_2)$$
$$2 \cdot k = \mathrm{card}(2 \times k_1)$$

构造函数 $f: k_1 \cup k_2 \to 2 \times k_1$

$$f(x) = \begin{cases} \langle 0, x \rangle & x \in k_1 \\ \langle 1, x \rangle & x \notin k_1 \end{cases}$$

显然 f 是双射函数，所以 $\mathrm{card}(k_1 \cup k_2) = \mathrm{card}(2 \times k_1)$

因此，$k+k=2 \cdot k$.

7. 对任意的基数 k、l 和无限基数 m，如果 $2 \leqslant k \leqslant m$ 且 $2 \leqslant l \leqslant m$，证明

(1) $k^m = 2^m$，

(2) $k^m = l^m$.

证明：

(1) $2^m \leqslant k^m \leqslant m^m = 2^m$，所以 $k^m = 2^m$.

(2) $2^m \leqslant l^m \leqslant m^m = 2^m$，所以 $l^m = 2^m$. 因此，$k^m = l^m$.

8. 证明定理 12.5.1 的 (1)～(5).

证明：

(1) 设有集合 $K, L, \mathrm{card}(K)=k, \mathrm{card}(L)=l$，

由 $K \cup L = L \cup K$，则有 $k+l = l+k$.

由 $K \times L = L \times K$，则有 $k \cdot l = l \cdot k$.

(2) 设有集合 $K, L, M, \mathrm{card}(K)=k, \mathrm{card}(L)=l, \mathrm{card}(M)=m$

由 $K \cup (L \cup M) = (K \cup L) \cup M$，则有 $k+(l+m)=(k+l)+m$

由 $K \times (L \times M) = (K \times L) \times M$，则有 $k \cdot (l \cdot m) = (k \cdot l) \cdot m$.

(3) 设有集合 $K, L, M, \mathrm{card}(K)=k, \mathrm{card}(L)=l, \mathrm{card}(M)=m$

由 $K \times (L \cup M) = K \times L \cup K \times M$，则有 $k \cdot (l+m) = k \cdot l + k \cdot m$.

(4) 设有集合 $K, L, M, \mathrm{card}(K)=k, \mathrm{card}(L)=l, \mathrm{card}(M)=m$

即证明 $(L \cup M)_K \approx L_K \times M_K$，对于 $\forall f \in (L \cup M)_K, f: (L \cap M) \to K$，

定义函数 $H: (L \cup M)_K \to L_K \times M_K$，则 $H(f) = \langle g, h \rangle$，其中 $g \in L_K, h \in M_K$

满足 $\forall a \in L, f(a) = g(a), \forall b \in M, f(b) = h(b)$

下面证明 H 为双射：

单射：$\forall f_1 \neq f_2, \exists a$，使 $f_1(a) \neq f_2(a)$，设 $H(f_1) = \langle g_1, h_1 \rangle, H(f_2) = \langle g_2, h_2 \rangle$

若 $a \in L$，则有 $g_1(a) \neq g_2(a)$，那么 $g_1 \neq g_2$

若 $a \in M$，则有 $h_1(a) \neq h_2(a)$，那么 $h_1 \neq h_2$

总之有 $\langle g_1, h_1 \rangle \neq \langle g_2, h_2 \rangle$，即 $H(f_1) \neq H(f_2)$，说明 H 为单射.

满射：$\forall \langle g, h \rangle \in L_K \times M_K$，总存在 $f \in (L \cup M)_K$

使得 $\forall a \in L, f(a) = g(a)$,且 $\forall b \in M, f(b) = h(b)$,
则 $H(f) = \langle g, h \rangle$,说明 H 为满射.
综上所述,H 为双射,则 $(L \cup M)_K \approx L_K \times M_K$,所以命题成立.

(5) 设有集合 K, L, M, $\text{card}(K) = k, \text{card}(L) = l, \text{card}(M) = m$
即证明 $M_{(K \times L)} \approx M_K \times M_L, \forall f \in M_{(K \times L)}, f: M \to K \times L$,
定义符号 $\text{Left}(\langle a, b \rangle) = a, \text{Right}(\langle a, b \rangle) = b$
定义函数 $H: M_{(K \times L)} \to M_K \times M_L, H(f) = \langle g, h \rangle$,
满足 $\text{Left}(f(m)) = g(m), \text{Right}(f(m)) = h(m), \forall m \in M$,下面证明 H 为双射
① 单射:$\forall f_1 \neq f_2$,令 $H(f_1) = \langle g_1, h_1 \rangle, H(f_2) = \langle g_2, h_2 \rangle$,
$\exists m \in M, f_1(m) \neq f_2(m)$,则 $(g_1(m) \neq g_2(m)) \vee (h_1(m) \neq h_2(m))$,
即 $(g_1 \neq g_2) \vee (h_1 \neq h_2)$,那么 $\langle g_1, h_1 \rangle \neq \langle g_2, h_2 \rangle, H(f_1) \neq H(f_2)$
说明 H 为单射.
② 满射:$\forall \langle g, h \rangle \in M_K \times M_L$,总存在函数 $f: (M \to K \times L)$,
使得 $\text{Left}(f(m)) = g(m), \text{Right}(f(m)) = h(m), \forall m \in M$
即有 $H(f) = \langle g, h \rangle$,所以 H 为满射.
综上所述,H 为双射,则 $M_{(K \times L)} \approx M_K \times M_L$,因而命题得证.

9. 证明平面上直角坐标系中所有整数坐标点的集合是可数集.

证明:构造序列如下:
$[\langle 0, 0 \rangle]$,
$[\langle 1, 0 \rangle, \langle 0, 1 \rangle, \langle 0, -1 \rangle, \langle -1, 0 \rangle]$,
$[\langle 2, 0 \rangle, \langle 1, 1 \rangle, \langle 1, -1 \rangle, \langle 0, 2 \rangle, \langle 0, -2 \rangle, \langle -1, 1 \rangle, \langle -1, -1 \rangle, \langle -2, 0 \rangle]$,
……

在同一 [] 中,$|x| + |y|$ 恒等,该序列可遍历所有整数坐标点.
由此便可定义映射 $f: N \to$ 整数坐标点的集合,
$f(0) = \langle 0, 0 \rangle, f(1) = \langle 1, 0 \rangle, f(2) = \langle 0, 1 \rangle, f(3) = \langle 0, -1 \rangle, f(4) = \langle -1, 0 \rangle$,
……
则 f 为单射且为满射.
所以,所有整数坐标点的集合是可数集.

10. 计算下列集合的基数.

(1) $A = \{a, b, c\}$,

(2) $B = \{x \mid (\exists n)(n \in \mathbf{N} \wedge x = n^2)\}$,

(3) $D = \{x \mid (\exists n)(n \in \mathbf{N} \wedge x = n^5)\}$,

(4) $B \cap D$,

(5) $B \cup D$,

(6) $\mathbf{N}_\mathbf{N}$,

(7) $\mathbf{R}_\mathbf{R}$.

答：

(1) $|A|=3$

(2) $|B|=\aleph_0$

(3) $|D|=\aleph_0$

(4) $|B \cap D|=\aleph_0$

(5) $|B \cup D|=\aleph_0$

(6) $|\mathbf{N_N}|=|\mathbf{N}|^{|\mathbf{N}|}=\aleph_0^{\aleph_0}=2^{\aleph_0}=\aleph_1$

(7) $|\mathbf{R_R}|=|\mathbf{R}|^{|\mathbf{R}|}=\aleph_1^{\aleph_1}=2^{\aleph_1}$

参 考 文 献

1. 石纯一,王家廞. 数理逻辑与集合论. 第 2 版. 北京:清华大学出版社,2000
2. 耿素云,屈婉玲. 离散数学. 北京:高等教育出版社,1998
3. 左孝凌,李为监,刘永才. 离散数学 理论·分析·题解. 上海:上海科技文献出版社,1988
4. 耿素云. 离散数学习题集,数理逻辑与集合论分册. 北京:北京大学出版社,1993
5. 左孝凌,李为监,刘永才. 离散数学. 上海:上海科技文献出版社,1982
6. Bernard Kolman, Robert C. Busby, Sharon Ross. Discrete Mathematical Structures. Third edition,北京:清华大学出版社,Prentice Hall, 1997
7. Donald F. Stanat, David F. Mcallister. Discrete Mathematics in Computer Science. New York:Prentice-Hall Inc. , 1977